JN062402

物理学実験指針
〈第２版〉

須藤誠一
飯島正徳
長田　剛
門多顕司
菅谷幹治
津村耕司
中村正人
西村太樹
著

東京教学社

はじめに

時代も「平成」から「令和」に変わり，超スマート社会の実現に向けた研究開発が加速している．インターネットに接続することによる情報収集や人工知能（AI）による制御によって，既存状態では情報処理能力を備えていなかった器具に，高度な情報処理能力をもたせるスマート化は，ユーザーのサポート機能を飛躍的に向上させることから，超スマート社会実現の核となっている．これらの発展には，制御のソフトウェア化や，集積回路の超微細化によるブラックボックス化が必須であるため，その内部構造や動作原理を遡って解明できないことが懸念される．例えば，人工知能が学習を重ねることで独自の判断を下すAIアシスタント機能では，判断を聞いたユーザーが，その根拠を理解できない場面をしばしば見る．これは集積回路の設計者が不在で，その内部構造が不明なため，所定の入力に対して定められた動作を行なっている回路の出力の意図が理解できないことと似ている．入力から出力までの一連の流れを理解するためには，その道筋における基礎的な知識や理解が必須であり，工程の原点となっているアナログチックな考えに戻ることも必要となるだろう．これらの背景を顧みて，本学の物理学実験では，様々な実験を行うことでより幅広く，且つより深い知識を身に付けるとともに，高校物理学を履修していない学生でも基礎的な大学物理学の教本が読み込める素養を身に付けさせることを目指すこととなった．

そこで今回，継続的に行ってきた「物理学実験指針」の改定作業を大幅に見直し，第2版を作成することとなった．この改定でも，旧版をもとに大幅な改定を行ったものであり，旧版の編集，制作に労をとられた先生方に心から敬意を表します．

また，今回の改定にあたり，非常勤講師の浅野 恵美，岩松 雅夫，右近 修二，大木 武夫，岡 笑美，奥田 隆，小澤 幸光，金子 核，鏑木 裕，齋藤 幸夫，佐々田 博之，鈴木 ひろみ，高瀬 昇，田中 美枝子，手東 文子，留野 泉，中澤 直仁，西 正和，西川 浩之，馬場 一晴，深谷 慎介，三原 国子，本山 美穂，矢吹 文昭，山田 興一，山本 和久（五十音順）の諸先生方にから貴重なご意見を頂いたことに感謝します．最後に，本書の出版にあたり様々なご協力を頂きました東京教学社の鳥飼 正樹氏に心から感謝いたします．

2020年3月

編集代表　須藤 誠一

執筆者（五十音順）　飯島 正徳，長田　剛，門多 顕司，菅谷 幹治，
須藤 誠一，津村 耕司，中村 正人，西村 太樹

旧版のまえがき

平成も18年が経過し，少子化による学生数の長期的な減少，あるいは初等・中等教育の学習指導要領の改訂による大幅な教育内容削減の影響を受け，大学への入学者の資質は今後さらに大きく変化しようとしている．このため，近年，大学においても基礎学力強化の必要性が認識され始め，工科系大学でさえ大学設置基準の大綱化以降切り捨てられて来た物理学，あるいは物理学実験など，自然科学系の基礎科目が見直され始めている．実際，本学においても物理学，あるいは物理学実験など自然科学系の基礎科目の一部が再び必修化される運びとなっている．

そこで今回，ここ数年の継続事業となっていた「物理学実験指針」の改訂作業を見直し，近年にない大幅な改訂を行った．これは今までの指針（以下，旧版）を全く書き換えるものではなく，旧版をもとに大幅な削減や追加を行ったものであり，旧版の編集・製作するに当たり労をとられた多くの先生方の努力なくしてはこの新版はあり得なかった．そこで旧版のまえがきをそのまま次ページに収録し，謝意を表したい．

なお，今回の改訂作業に当たり非常勤（兼任）の足立　實，大木武夫，奥田　隆，斧　昭雄，小野寺理文，金子核，神戸政秋，金　佳恵，鈴木俊哉，高橋秀典，田中美枝子，手束文子，中島唯仁，中村　理，西　正和，羽取純子，三原国子，本山美穂，矢吹文昭，山下直之，若林信義（五十音順），および本学機器分析室（兼担）の吉田　明の諸先生方から貴重なご意見をいただいたことをここに記し，深く感謝の意を表します．最後に，本書の出版にあたり，長年にわたりこの実験指針を暖かく見守り，出版にあたり種々の便宜をはかり，かつ労をとって来ていただいた東京教学社の鳥飼好男氏に心から感謝致します．

2007年2月

編集代表　岩松　雅夫

執筆者（五十音順）　飯島正徳，岩松雅夫，長田　剛，門多顕司，菅谷幹治，
中村正人，吉田　正

【目　次】

イラスト：梅本 昇

カバーデザイン：Othello

第1章　物理学と実験

1.1　物理学と実験

物理学は物の性質や自然界の様々な法則を客観的に調べる自然科学の 1 分野である．物理学で正しいとみなされる知識は全て実験（あるいは観察・観測）により検証される必要がある．従って，物理学における実験の目的は，理論的な思考で生み出した仮説が正しいかを確かめることにある．具体的には，理論によって得られた計算値と実験値を比較したり，予想される現象を探索したりすることなどである．一方，学生実験の目的は，すでに正しいとみなされた理論の検証を通じて，測定技術や解析手法を身に付け，理工系技術者として必須の素養を身に付けることである．

ここで少し実験の説明から離れるが，**物理学の基本**となる考え方や方法をいくつか挙げてみよう．というのも，これらは実験の仕方やその結果報告の仕方の良し悪しにも関わってくるからである．

(1) 客観的に正しいとは，「同じ条件下では誰でも同じ結果が得られる」（現象の再現可能性）ことだと考える．

(2) 物体の性質や自然現象を理解するために様々な物理量を定義し，物理量の数値やその変化で物体や現象を理解できると考える．ここで物理量を定義したり，物理量同士の関係を表すために数学を使う．

(3) 複雑な現象，物質を簡単な要素に分け，個々の要素を解析し，各要素からの影響を全てまた合わせると元の複雑な現象を解析できる，と仮定する．

(4) 現象を常に原因と結果の関係で考える（因果論）．

(1) から研究成果が正しいかどうか，これまで知られていることと矛盾がないかどうかは，同じ条件下で実験を行い同じ結果が得られるかどうかで検証する．従って，研究者が自分の研究成果を発表するとき，他者が同じ実験を行う（追試）ことができるための情報を述べなくてはならない．どんな装置で，どんな条件で，どんな実験を行ったかなどである．こうすることで発表される結果は他者による検証を受けることが可能となる．

(2) の意味することは，物理量には全て基本となる単位が定義され，測定とは物理量がこの単位の何倍かを決めることであるということである．数値化して現象を理解することから，物理学は定量的な学問と呼ばれる．

(3) は要素還元主義と呼ばれる．注目している対象を研究する際，環境の影響をできる限り制御して研究をするという方法とともに，長く物理学において成功してきた．これにより，ある 1 つの要素（条件）の影響を極端に大きくあるいは小さくして，簡単には気付きにくい現象や新しい現象を見出すことさえできた．現在では個々の要素を単純に足し合わせることでは説明できない現象を示す複雑系と呼ばれる多くの系が知られるようになっているが，要素還元主義は最初の研究方法としては依然として有効である．

(4) のように現象を常に原因と結果に分けるとしても，ある現象には複数の原因とそれに伴う複数の結果が絡み合っている．そこで物理学では，(3) の要素還元主義を用い対象を簡単な要素に分解し，個々の要素に対する簡単な因果関係を足し合わせることで一見複雑に見える現象を因果関係から説明しようとする．

物理学はこのような性格の学問であり，その成果が物理学的自然観である．このような物理学の基本となる考え方を身に付けることも，物理学実験の目的の 1 つである．

1.2　学生実験の手順

実験を正しく効率良く行うためには適切な手順に従う必要がある．以下，学生実験を念頭に置き，代表的なものを記す．

(1) 実験開始前

(a) 実験の目的と方法をよく理解し，実験に関係する物理現象や物理量を実験ノートにまとめておく．

(b) 測定データを書き込む表やスペースを実験ノートに作っておく．

(c) 用いる実験器具の使い方，原理，構造などを実験ノートにまとめておく．

(d) 姿勢を正しく楽にした状態で測定できるように，器具の配置や向きを適切に配置する．以後，一定の条件で実験を行うために実験終了まで（測定終了まででではない）器具の配置を変えない．

(e) これらは全て実験ノートに記しておく．

(f) 実験の手順を確認し，役割分担を決める．例えば，測定する者，記録する者，その測定データをその場でグラフに描き，測定をチェックする者などである．

(2) 実験の実施

(a) 簡単な予備実験をして，実験方法を確認する．実験結果が定性的に正しいことを確認する程度でよい．

(b) 使える測定器具の種類が複数あるときは，その中から適切な測定器具と測定条件を選択する．

(c) 測定の手順と役割分担に従い本実験を実施する．

(d) 測定と同時にグラフを作成，あるいは文献値と比較するなど，実験が正しく行われていることを確認しながら，注意深く実験を進める．

(e) 測定終了後は，実験器具を片付ける前に直ちに測定データの解析を行う．先に片付けてしまうと，測定ミスに気付いたときに，実験をやり直せない．

(3) 実験および器具の使用に当たっての注意

(a) 全ての器具は丁寧に扱い，持ち運ぶ際には原則として器具は両手で持つ．

(b) 実験器具を破損しないため，実験室内では飲食・喫煙はしない．

(c) ねじなどの可動部分（あるいは可動と思われる部分）に，力を加えても動かないときは，それ以上の力を無理に加えず，扱い方を考え直す．なぜなら，扱い方が間違っていることが多いからである．

(d) レンズやガラス板の表面に手を触れない．拭くときはごく少量のエタノールやアセトンを付けた柔らかい布などで軽く拭く．

(e) けがを防ぐため，実験にふさわしい服装を着用し，サンダルなどを履いて来ない．

(f) 失明事故を防ぐために，実験で用いるレーザー光を直接目に入れない．

(g) 感電，やけどなどを防ぐため，ぬれた手で電気器具やコンセントに触れない．

(h) ガラス器具を割らないよう丁寧に扱う．割ったときは，けがをしないよう速やかに処置する．

(i) 骨折事故などを防ぐために，おもりや重い器具を落とさないよう注意する．

1.3 実験ノート

実験結果をノートに記録する際には，共同実験者が読んだ場合でも，記録者自身が数か月後，数年後に読んだ場合でも，実験した状況や実験結果が理解できるように記録しなければならない．過去の測定結果を解析し直す必要が生じることがあるためである．従って，ノートはきれいな字で記録する必要はないが，共同実験者が読めなかったり，記録者自身が読めないようでは困る．そこで，正しく記録できるように，且つ，読みやすいように，ノートは余裕をもってゆったりと記録する．学生実験で実験ノートに記録する項目には，

(1) 実験の題目．

(2) 実施年月日，時刻，実験場所．

(3) 共同実験者の名前．

(4) 実験開始時および終了時の室温，湿度，その他の実験条件．

(5) 実験方法，手順．実験中に，実験計画からの変更があった場合は，変更内容を書き足しておく．

(6) 使用器具名および社名・型番．

(7) 何を測定しているかを明記した上でのデータ（表）．

(8) 実験結果は，測定した時点でノートに書き込む．ノートに記録せずに覚えておいた内容や，メモされた内容をノートに書き留めてはいけない．測定結果を，別の紙に書いた場合には，ノートに貼っておく．

(9) 測定データを確認するグラフを作成する．

(10) 実験中に考えたこと，気付いたことなど．

(11) データを計算する際には，計算内容が分かるように，まず見出しをつける．計算式，代入する数値，計算過程，計算結果を丁寧に記録する．単位換算をする際には，換算前後のデータの比較ができるように記録する．

(12) 参考にした文献の著者名，書名，ページ，出版社，発行年など必要な情報．

実験中の情報だけでなく，実験の前後で調査した実験に関する全ての情報を記録する．これらの記録は不明な点が見つかったり，失敗が疑われたりするときの再実験に必要である．また，結果の考察を深めるためにも役立つ．すでに述べたように，レポートや論文では，結果だけでなく，その結果を再現できるよう，追実験を可能とするための情報も提供する必要がある．そのためにも実験ノートに，実験に関する全ての情報を記録しておかなくてはならない．また，鉛筆書きしたデータを修正する場合，消しゴムで消さず，取り消し線を引いて修正前の情報も読めるように残しておく．これは，都合の良いデータに書き換える改ざんや捏造を防ぐためである．

第2章　基本量の測定

2.1　時　間

時間とは，ある現象の経過を表すために必要な物理量である．ここでは，学生実験でよく使われるストップウオッチの使用法を説明する．現在，普及しているデジタル式の**ストップウオッチ**は，精度・分解能も非常に良く，安価で手に入る．図 2.1 に例を示す（$0^{\mathrm{H}}02^{\mathrm{M}}58^{\mathrm{S}}89^{\frac{1}{100}\mathrm{S}}$ の表示は 2 分 58.89 秒を表す）．

図 2.1　ストップウオッチ

図中のスイッチ SS はスタートとストップの機能をもつ．1 回押すとスタートし，もう 1 回押すとストップする．さらに押すと，表示時刻に時間が積算されるかたちでスタートする．以後同様にストップ，スタートを繰り返すことができる．スイッチ SR はスプリットとリセットの機能を用いるときに使用する．ストップウオッチがスタートしている状態で SR を押すと，その押した瞬間の時刻が表示されるが，ストップウオッチの中は動いているので，もう 1 度押すとスタートからの時刻を表示しながら再び動き続ける．すなわち，これを繰り返せば，ある現象のスプリットを何回でも連続して測定することができる．次に，ストップウオッチが SS で止まっている状態のとき，SR を押すとリセットされて初期化する．スプリットとラップが混同して使われることがあるが，ラップとは間隔ごとの時間のことで，スプリットはその間隔ごとの時間をスタートから積算した時間である．

2.2　長　さ

学生実験で最もよく行われるのが長さの測定である．実際に長さを測るだけでなく，いろいろな物理量を長さに変換して観測することも多い．ここでは，長さを測る測定器具のうち，よく使われる**物差し**，**ノギス**，**マイクロメーター**の使用法について説明する．

A. 物差し

通常，薄く細長い板に目盛を打ったものを物差しという．測定物に直接物差しを当て，その両端の目盛の位置 a_1, a_2（$a_2 > a_1$）を読み，その差 l が測定物の長さとなる．

$$l = a_2 - a_1 \tag{2.1}$$

日常生活では，その読みが直接そのものの長さとなる便利さから，測定物の片方の端を目盛の基準の 0 に合わせるが，これは (2.1) 式の a_1 を 0 と読んだのと同じである．　測定例を図 2.2 に示す．**最小目盛** 1 mm の物差しが測定物に直接当ててある．測定物の両端の位置を最小目盛の 10分の 1 まで読むので，

$$a_1 = 6.8\,\mathrm{mm}$$

$$a_2 = 53.2\,\mathrm{mm}$$

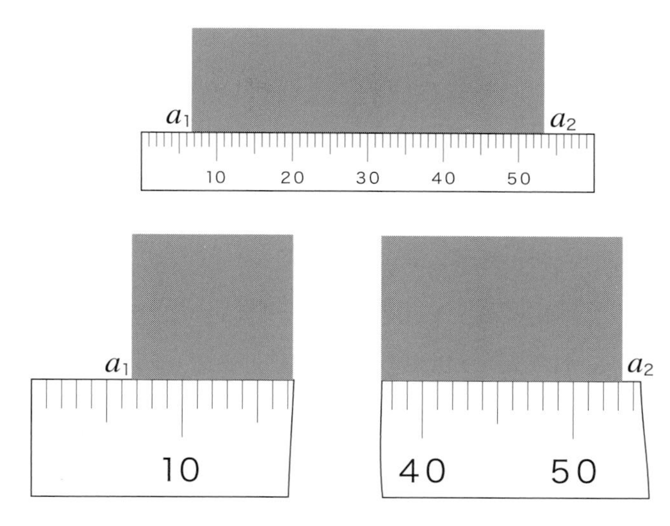

図 **2.2**　物差しによる測定

と読む．すなわち，**分解能**（測定できる最小量）は 0.1 mm であり，測定物の長さは (2.1) 式を用いて，

$$
\begin{aligned}
l &= a_2 - a_1 \\
&= 53.2\,\mathrm{mm} - 6.8\,\mathrm{mm} \\
&= 46.4\,\mathrm{mm}
\end{aligned}
$$

となる．

B. ノギス（Vernier Caliper）

図 2.3 はノギスを示す．ノギスは外側用ジョウ J で試料を挟んで外径の長さを，内側用ジョウ K を試料の内に入れて広げて試料の内径を，デプスバー D を穴の底まで入れて深さを測ることができる測定器具である．ノギスは**主尺**N と**副尺**（バーニヤ）V により，分解能は 0.05 mm である．

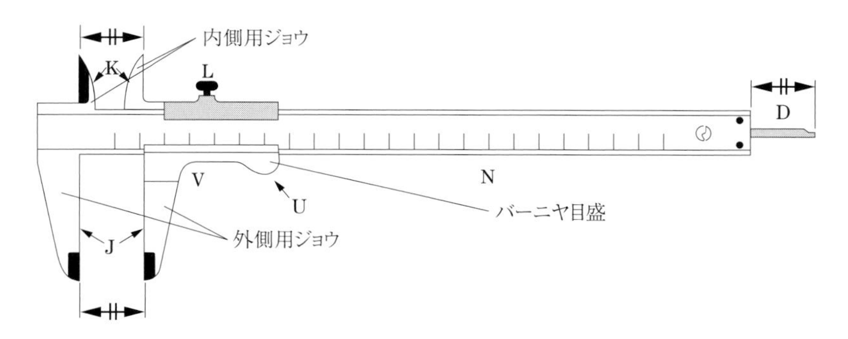

図 **2.3**　ノギス

図 2.4 は円環の外径を測定しているところである．N の目盛の部分を親指をあてずに 4 本の指でしっかりと握り，親指は V の指かけ U にあてがって，V の目盛の部分を左右にスライドさせる．J の内側を測定試料の外径にしっかりとあて，そのまま目盛を読む．試料を外してから目盛を読むとスライド部分が動いてしまう．止めねじ L は通常の測定ではほとんど用いないが，旋盤などである径まで削りたいときに，その希望の径に目盛をロックしておいて，そのつど測定しないですむようなときに使うことがある．

図 2.5 は J によって曲面の厚さを測っているところである．曲面の厚さを測る場合，図 2.6 のように J の内面の幅が曲面の曲率に対して無視できなくなり，すきまができて正確な厚さを測ることができない．そこで J の先端部分は図 2.6 の網目のようにテーパー（taper）がついていてすきまができないようになっている．特に曲率の小さい

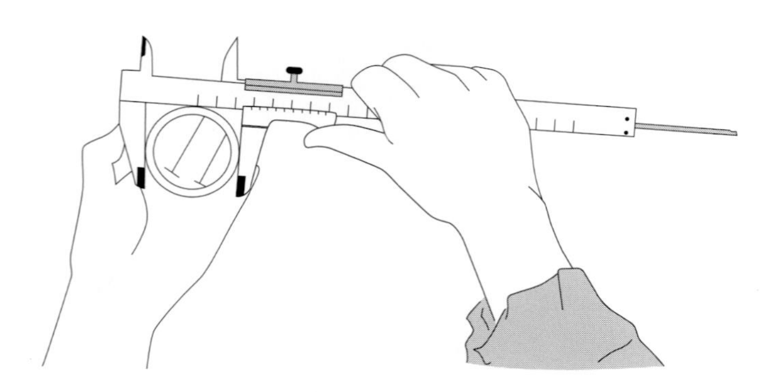

図 2.4　円環の外径測定

曲面の厚さを測るときは，この先端部分を使って測ると，より正確なデータが得られる．しかし，外径などを測る場合はJの面の広い部分で接面をしっかり押えた方がよい．接面が細いと斜めになる恐れがある．図2.7には，Kを使って内径を測定しているところを示す．試料と接する面が刃のようになっているので，曲面の内面を測定するのに適している．内径は最大直径を測らなければならないので，小さめに測ってしまわないように注意を要する．

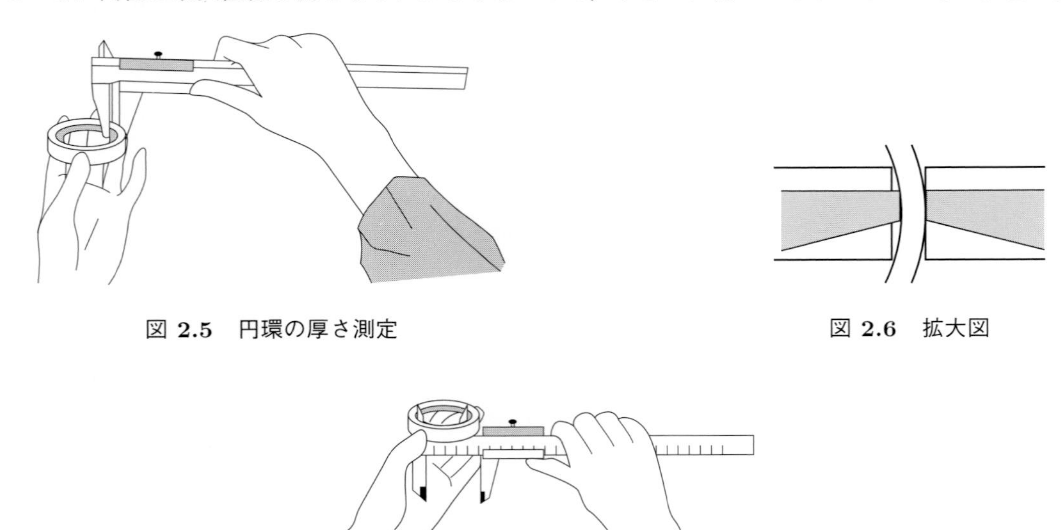

図 2.5　円環の厚さ測定

図 2.6　拡大図

図 2.7　円環の内径測定

【バーニヤの原理】

ノギスの副尺は，バーニヤ（Vernier：仏）が発明した補助物差しである．通常目分量で読む主尺の端数（0.1 mm 単位）を機械的に精度よく（0.05 mm 単位）読み取ることができる．ノギス以外にも読取顕微鏡や分光計などにも利用されている．

図2.8に副尺部分を拡大したものを示す．この状態はノギスには何も挟んでいない状態なので，副尺目盛の0は主尺目盛の0と一致している．これを見ると，主尺の19目盛が副尺目盛で20等分されている．従って，副尺の1目盛は主尺の1目盛（1 mm）より1/20目盛（= 0.05 mm）だけ短くなる．よって0の次の目盛は主尺と副尺で1/20目盛（= 0.05 mm）ずれている．次の目盛は2/20目盛（= 0.10 mm），その次から3/20目盛（= 0.15 mm），4/20目盛（= 0.20 mm），……とずれてゆき，最後は主尺の19目盛で副尺の20目盛が一致する．このとき，ずれは20/20目盛 = 1.00 mmとなる．ここで副尺の目盛に注目すると，0.20 mmずれた副尺の目盛には2と目盛ってあり，0.40 mm，0.60 mm，0.80 mm，1.00 mmずれた副尺の目盛にはそれぞれ4，6，8，10と目盛ってある．いま副尺を少しスライドさせて副尺の2と目盛ってある目盛を主尺の目盛と一致させたとすると，もともとは0.2 mmずれていたので，主尺目盛の0と副尺目盛の0が0.2 mmずれる．

従って，主尺と副尺の目盛が一致したところの副尺の目盛の読みの 1/10 が，通常目分量で読む端数の部分で，それが機械的に読めたことになる．

【ノギスの読み方】

例として外側用ジョウ J に測定物を挟んだときの副尺の部分の拡大図が図 2.9 に示してある．まず副尺の 0 の目盛の位置を主尺で見ると 32 mm を少し越えたところにある．次に，主尺と副尺の目盛の合った副尺の読みを見ると，1 である．従って，少し越えた部分の端数はその 1/10 で 0.10 mm である．よって最終的な読みは 32.10 mm となる．最後の桁に 0 をつけたのはノギスの最小の読み（分解能）が 0.05 mm であるため，最後の桁が 5 でなく 0 と判定できたからである．

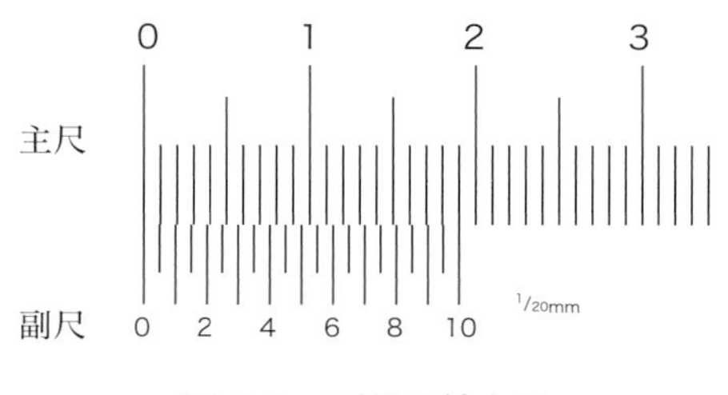

図 2.8 副尺の拡大図

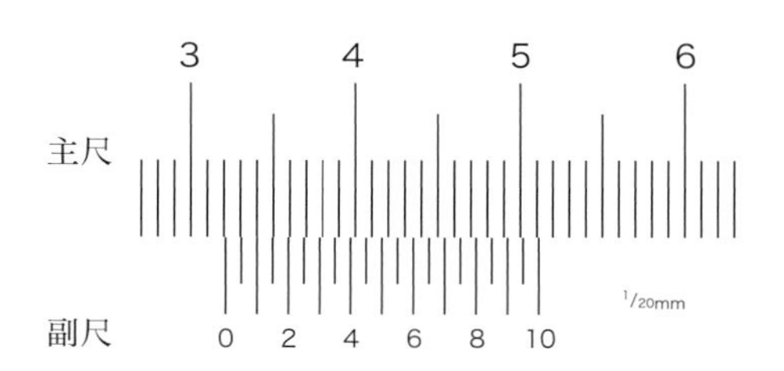

図 2.9 副尺による測定例（32.10 mm）

図 2.10 は主尺の 39 目盛が副尺で 20 等分してあるノギスである．原理は前に説明した副尺と全く同じで，副尺の目盛を大きく取って読みやすくしてある．図 2.11 に，このノギスに測定物を挟んだときの副尺の位置が示してある．前に述べたノギスと同様に，まず主尺で 52 mm まで読み，端数は主尺と副尺の目盛の合った副尺の読みの 1/10 であるから，52.55 mm となる．

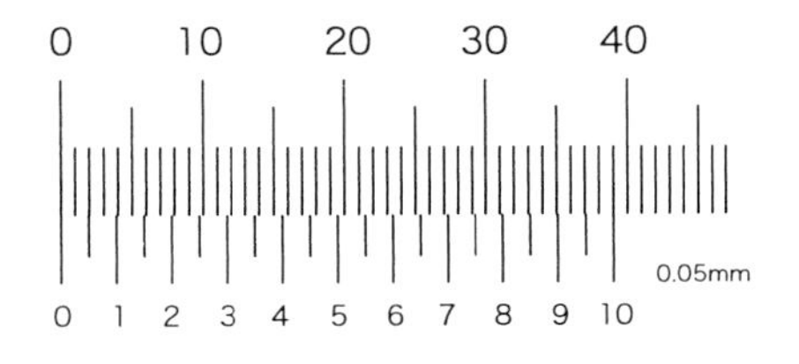

図 2.10 副尺の拡大図

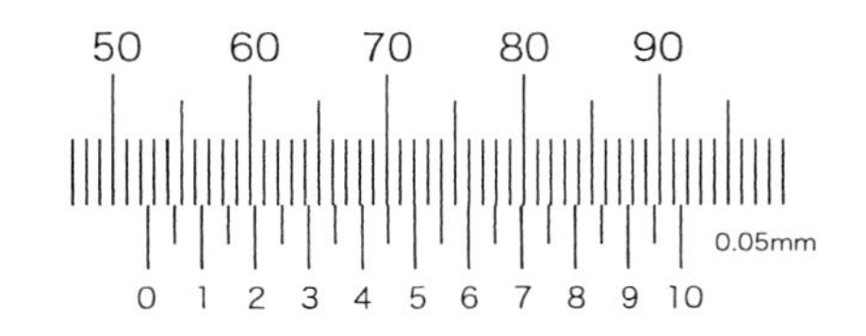

図 2.11 副尺による測定例（52.55 mm）

C. マイクロメーター（Micrometer）

図 2.12 に示したマイクロメーターは針金の直径や物体の厚さなどを測るもので，分解能は 0.001 mm である．被測定物をアンビル A とスピンドル S の間に挟む．S の出し入れは，被測定物と接触していないときはシンブル T をつまんで回し，測定物に接触させるときは必ずラチェットストップ R を回して行う．R は物体にある一定の圧力がかかると空回りして，S がそれ以上進まないようになっている．マイクロメーターの原理はねじであるので，勢いよく回して物体に接触させたり，T で必要以上の力で締め付けてから R を回しても，空回りするのは当然で全く意味がない．R で物体に接触させるときは静かにゆっくりと行うことが必要である．S はねじの 1 回転によって 0.5 mm（ねじのピッチという）進む．まず主尺 M で 0.5 mm まで読み，T の 1 回転が副尺 F によって 50 等分してあるので，結局副尺 F の最小目盛は 0.5 mm/50 = 0.01 mm で，目分量でその 1/10 目盛まで読めば 0.01 mm/10 = 0.001 mm（最小の読み = 分解能）まで読み取ることができる．C はねじの回転をロックするレバーである*.

* マイクロメーターを保管しておく際の注意点として，1. ロックをかけない．2. A と S の間はすきまを空ける．これは保管中，温度変化などにより S にゆがみが生じるのを防ぐためである．

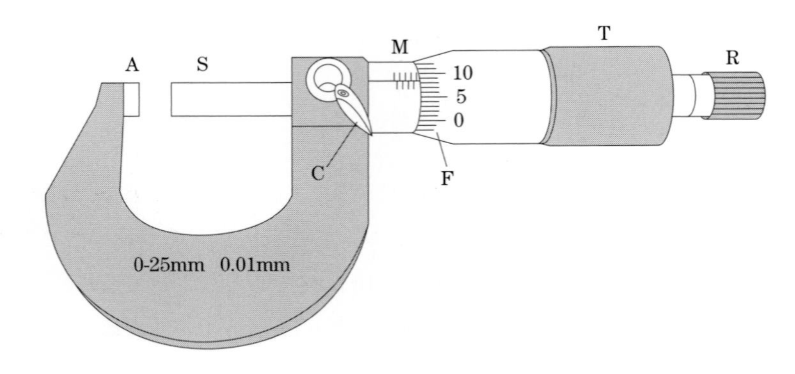

図 **2.12** マイクロメーター

【マイクロメーターを使う準備】

まずはじめに，測定物を挟まないときの**零点誤差**（器械誤差）を測っておく必要がある．A と S の測定物と接触する面の汚れを取るために，図 2.13 ようにマイクロメーター・スタンドにマイクロメーターを固定し，実際に測定するときと同様に，R を用いてきれいな上質紙を挟み，それをそのまま抜き取る．

これを 2〜3 回繰り返してから，零点誤差を測定するときと同様に R を用いて読む．図 2.14 にそれを示す．M の目盛と直角に引いてある基線と F の目盛の 0 が基準となる．この場合の零点誤差の読みは -0.003 mm となっている．次に，図 2.15 のように，被測定物の板を R を使って挟む．このとき，板をあまり強く持っていると，板が斜めになったまま R が空回りすることがあるので，板の表面とアンビル，スピンドル面が平行になっていることを確かめる必要がある．このときの M と F を拡大したものを図 2.16 に示してある．

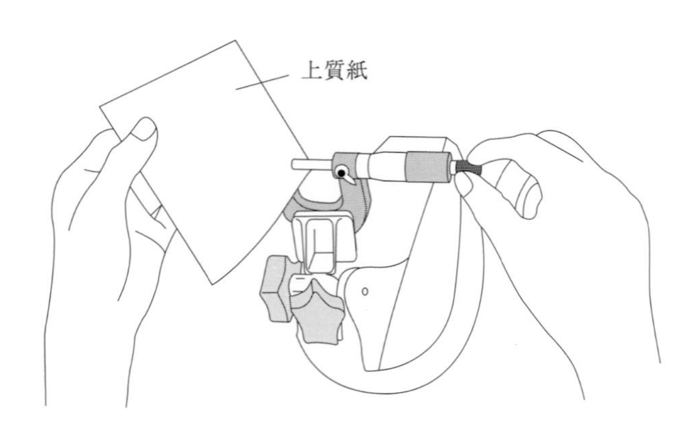

図 **2.13** マイクロメーターのクリーニング

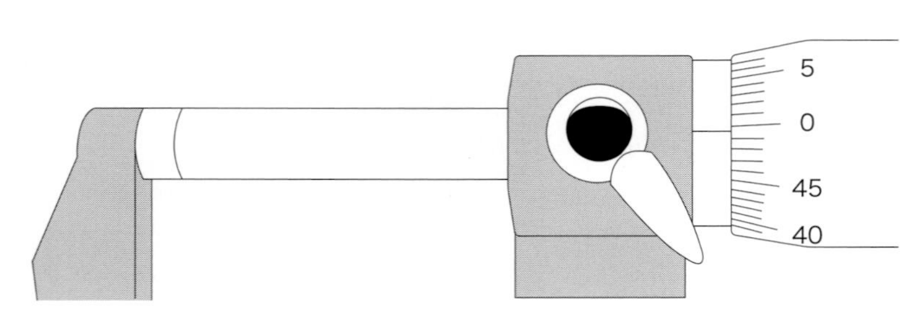

図 **2.14** 零点誤差（-0.003 mm）

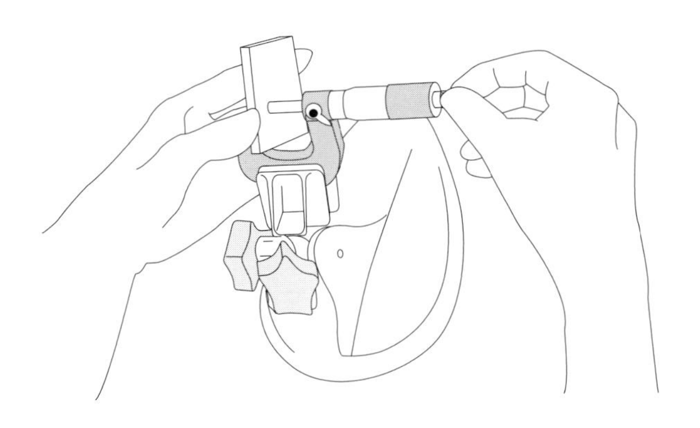

図 2.15　マイクロメーターによる測定

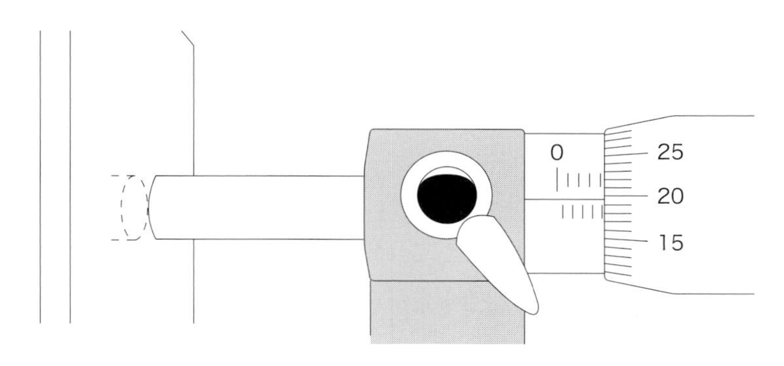

図 2.16　マイクロメーターによる測定例（4.697 mm）

【マイクロメーターの読み方】

まず，M によって 0.5 mm まで読む．基線の上の目盛の 4 mm は超えている．またその間の目盛が基線の下に打ってある．この場合その 0.5 mm も超えているので，M で 4.5 mm まで読める．あとの M の端数を F で読む．F の 1 目盛が 0.01 mm であるから，0.19 mm まで読める．F の端数を目分量で 0.007 mm と読んで，結局この場合の測定値は 4.5 mm + 0.19 mm + 0.007 mm = 4.697 mm となる．ただし，前もって測った零点誤差があるので，その分を引いた値がガラス板の厚さということになる．すなわち，次のようになる．

$$
\begin{aligned}
\text{板の厚さ} &= \text{測定値} - \text{零点誤差} \\
&= 4.697\,\mathrm{mm} - (-0.003\,\mathrm{mm}) \\
&= 4.700\,\mathrm{mm}
\end{aligned}
$$

この場合，零点誤差がマイナスであったので，測定値はその分小さく測定されたのである．零点誤差がプラスのときはその分大きく測定される．いずれにせよ，零点誤差をそのまま差し引けばよい．

2.3 質 量

質量は物体の運動の変化のしやすさを表す指標で，現在では測定分解能が $0.1\,\mu$g $(= 0.0001\,\mathrm{mg} = 0.1 \times 10^{-6}\,\mathrm{g})$ の電子天秤も流通している．図 2.17 は**電磁力平衡方式**と呼ばれる電子天秤で用いられているセンサーの原理を示す．この方式は精度・安定性の両面で定評がある．試料を試料皿に載せたことで「さお」が傾くと，試料の重量と釣り合うように，コイルに流れる電流を増やし磁石との間で働く力を大きくする．コイルと磁石の間の力の大きさはコイルを流れる電流で決まるので，この電流値をアナログ／デジタル（A/D）変換器でデジタル化し，デジタル回路で重量値に変換して表示する．

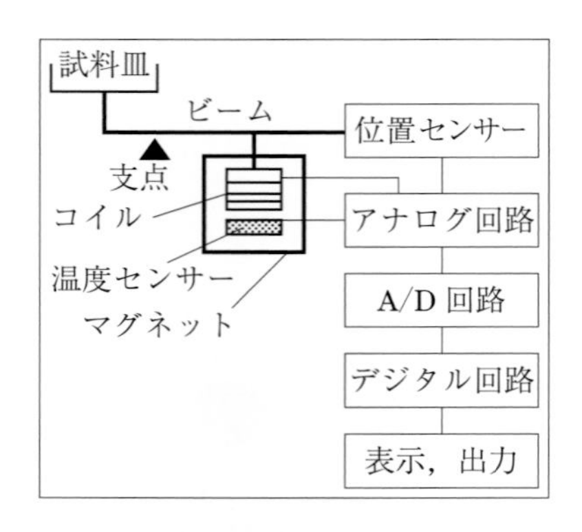

図 2.17 電子てんびんのセンサーの原理

2.4 温 度

体温や気温を測る計測器として温度計は身近なものである．最近はデジタル式のものが普及している．温度計の基本原理は以下の**熱力学の第 0 法則**による．

「物体 A と物体 B が熱平衡にあり，物体 A と物体 C が
熱平衡にあれば，物体 B と物体 C も熱平衡にある．」

このとき，B と C は直接接触していなくても，物体 A を介して熱平衡になるかが分かるので，物体 A を**温度計**と呼ぶ．

実際の温度計では，温度によって変化する再現性のよい物理量を温度指標に使う．例えば，**水銀温度計**や**アルコール温度計**は液体の熱膨張（体積変化）を利用する．

熱電対は異種金属間に発生する熱起電力を利用する．

抵抗温度計は金属の電気抵抗の温度変化を，**サーミスター温度計**は半導体の電気抵抗の温度変化を利用する．

A. 熱電対

金属に温度差を与えると，高温部分と低温部分で自由電子の運動エネルギーに差ができて，電子は高温部分から低温部分へ移動していく．この移動により電子の分布に偏りが生じて，電場が生じる．この電場は電子に力を及ぼすため，時間が経過すると電子は移動できなくなり，高温部分と低温部分に電位差を生じる．ここで生じる電位差は物質に固有なものである．

2 種類の金属線 A，B の端同士を接合した閉回路を作り，接点間に温度差 $\Delta T(= T_1 - T_0)$ を与えると，それぞれの金属線両端の電位差が異なるために，回路には熱電流が流れる．この現象をゼーベック（Seebeck）**効果**という．

この回路の1か所を切って熱電流が流れないようにすると，金属線両端に熱起電力（ゼーベック起電力）が現れる．この熱起電力は金属線の組合せと接点間の温度差のみによって決まるため，それぞれの金属線の長さ，太さ，接点以外の途中の温度分布には依らない．このゼーベック効果に基づき，図2.18のように，2接点間の温度差 $T_1 - T_0$ を熱起電力 $E_{\mathrm{AB}}(T_0, T_1)$ として測定することができる．この金属線の対のことを**熱電対**といい，広く温度計として利用されている．熱起電力の測定は普通ミリボルトメーターが用いられるが，高精度を要する場合は電位差計が用いられる．

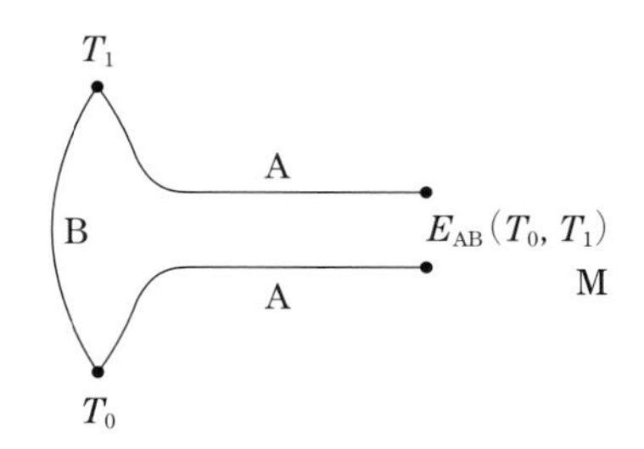

図 2.18　熱起電力 E_{AB} を測定する配置図

熱電対の一端の接点を一定温度（通常0°C）に保ちながら他端の接点を温度変化させると，温度と熱起電力の関係が分かる．この関係により熱起電力を温度に変換することができるようになり，熱電対を温度計として使うことができる（例えば，クロメルアルメル熱電対の規準熱起電力：7.1節参照）．熱電対を自作した場合には，実際に温度と熱起電力の間の関係を求めることが必要で，これを**熱電対の校正**（キャリブレーション）という．実際に，熱電対として，よく使われている金属線の組合せを表2.1に示す．

表 2.1　熱電対と測定温度範囲

材料の金属線 ＋側	－側	JIS 記号	使用範囲
クロメル	アルメル	K	−200°C 〜 1200°C
銅	コンスタンタン	T	−200°C 〜 400°C
白金ロジウム	白金	S	100°C 〜 1600°C
鉄	コンスタンタン	J	0°C 〜 600°C

B. サーミスター

サーミスターとは電気抵抗の温度係数が大きい熱敏感性抵抗体のことで，thermally sensitive resistor の略称だが，感温抵抗体の一般的名称となっている．サーミスターは純度を高くした金属の酸化物を2種または3種以上選び，混合して1200°Cから1500°Cで焼結したものである．

こうして作られた熱焼結物質は半導体の性質をもつ．サーミスターに用いられる半導体は，荷電子帯と伝導帯の間のエネルギーバンド内にトラップレベルがある．n型半導体では，温度が低い状態では荷電子帯の電子は励起されてトラップレベルに捕獲（トラップ）されているが，温度上昇に伴い，捕獲されていた電子が伝導帯に移動する．結果として電子数が増すことで電気抵抗が減少する．p型半導体では荷電子帯近くのアクセプター準位に電子が捕獲され，荷電子帯にその空孔であるホール（正孔）が関与した電気抵抗変化を生じる．

サーミスターは温度の上昇とともに抵抗値が非線形的に減少する．素子の大きさが小さいので扱いやすく，また，温度係数が例えば −4%/°Cと大きいので電圧の変化が大きくとれ，後段の電子回路が簡単になる．サーミスターは −50〜350°Cでの間でよく使われる．正確さは0.5〜2%である．

もっと小さい素子が必要なときは，熱電対を使う．しかし，温度係数が小さい（例えば40 μV/°C）ので，後段に安定な高倍率，低雑音の増幅器を必要とする．

2.5　物理量の単位と次元

A. 物理量

物理量は**スカラー**で表されるもの（これを**スカラー量**と呼ぶ．以下同様），**ベクトル**で表されるもの，**テンソル**で表されるものの区別がある．例えば，質量や電荷はスカラー量，速度や力はベクトル量，応力やひずみはテンソル量である．これらの量はみな以下に示すように，物理量の種類に応じた単位と数の組で表現されるという共通性がある．

B. 単位と次元

ある物質の質量を測定したときに1.000 kgであった．このとき，この物質の質量が物理量であり，1.000 kgは物理量の測定値となる．kgをlb（ポンド）に変えて2.205 lbと表してみても，両者は「質量」という「同じ種類」，しかも「同じ大きさの量」の別表現である．物理量は種類（性質）と大きさの情報がある．前者を示す概念が**次元**，後者の基準となるものが**単位**となる．また，化学で扱うときも化学量ではなく物理量という．

物理量の測定とは，その大きさが単位の何倍であるかを求めることである．従って，測定結果は数と単位を組にして表さなければならない．上述の例では，質量の単位として定義されている1 kgと1 lbを取り上げた．測定結果の表現は1×1 kg（= 1 kg）または2.205×1 lb（= 2.205 lb）と異なる．この意味ではどちらの単位も同じ価値をもつことが理解できる．しかし，理工学では国際的な基準である**国際単位系**（**SI**: Systèm International d'Unités）に従い，質量の単位として1 kgを用いるようにしている．ここで単位はkgでなく，1 kgであることを強調したい．試料の質量 M が $M = 1.364$ kgという場合，SIで定義された質量1 kgの1.364倍であるという意味になる．

キログラム (kilogram) は単位の名称，kgは単位記号，M は質量の物理量を表す記号で，JIS (Japanense Industrial Standards：日本工業規格）ではこの記号を量記号と呼んでいる．上述の例では，M は1.364という数値と1 kgという単位の積である．しかし $M = 1.364 \times 10^3$ gでもよいわけだから，M はkg，gといった特別の単位には縛られない．一般に，物理量を表す文字には単位記号を付けないが，これは量記号で表される物理量が特定の単位に縛られないものだからである．ただし，物理量の持つ単位を明示した方が教育上わかりやすい場合も多いので，本書では物理量の後に[ ]でSI単位を示した．これも大学での学習が進めば不要となる．

物理量を表す量記号はイタリック体（斜体）文字で表す．単位記号はローマン体（立体）文字で，大文字と小文字を区別して書く．原則として小文字で書くが，固有名詞由来の単位記号の場合は大文字で始まる．単位記号の前に使われるk（キロ）やm（ミリ）などの接頭語は10の整数乗倍を表現するために使われる．物理量は接頭語（p.16表2.4参照）を付けて表示することが多い．

物理量の種類（性質）の違いを表す言葉として次元がある．例えば質量と長さは異なる種類の物理量であるが，それは次元が異なるためである．次元が異なる量は，異なる物理量を表すため，次元が異なる量同士の加算や減算は意味がないし，等式の両辺の次元も一致していなければならない．この性質を利用して，得られた数式が間違っていないかどうかを簡単に確認することも可能である．例えば，運動エネルギーと仕事の定義は異なるが，それらの間でエネルギーのやり取り（加減算）が行われることから次元が等しいことが分かる．一方で，ある物理量を基準値に対して扱う（比率）場合などは，無次元量となる．

力学を考えるにあたっては，長さ，質量，時間を次元に取ることが多い．それぞれの次元を[L]，[M]，[T]で表す．力学で現れる他の物理量の次元はこれらを組み合わせて表せる．例えば，速さは長さを時間で割ったものだから，その次元は $[\mathrm{LT}^{-1}]$ と表せる．また，速さの次元は長さについて1次，時間について -1 次であるという．加速度の次元は $[\mathrm{LT}^{-2}]$ であり，力の次元はニュートンの運動の第二法則（p.43参照）により，$[\mathrm{M}][\mathrm{LT}^{-2}] = [\mathrm{MLT}^{-2}]$ となる．次元に注目することで，ある物理量と他の物理量との関連を見つけたり，未知の物理量や法則の存在を予想できることがある．これを**次元解析**という．

C. 国際単位系（SI）

国際的に採用されている国際単位系（SI）では，力学の基本単位である 1 メートル（1 m），1 キログラム（1 kg），1 秒（1 s）を含む 7 個の**基本単位**が定義されている．全ての物理量の単位はこれら 7 個の基本単位を用いて表現され，基本単位によって作り出される単位を**組立単位**（表 2.2，2.3），基本単位と組立単位の全体を**単位系**と呼ぶ．

表 2.2　基本単位を用いて表現される SI 組立単位の例

量	SI 単位	
	名称	記号
面　積	平方メートル	m^2
体　積	立方メートル	m^3
速　さ	メートル毎秒	m/s
加速度	メートル毎秒毎秒	m/s^2
波　数	毎メートル	m^{-1}
密　度	キログラム毎立方メートル	kg/m^3
比体積	立方メートル毎キログラム	m^3/kg
電流密度	アンペア毎平方メートル	A/m^2
磁界の強さ	アンペア毎メートル	A/m
(物質量の) 濃度	モル毎立方メートル	mol/m^3
輝　度	カンデラ毎平方メートル	cd/m^2
屈折率		1*

* 数値に添えて用いる場合，記号 “1(イチ)” は通常は省略する．
例えば，ガラスの屈折率は 1.55 1 とは書かずに 1.55 とする．

表 2.3　固有名称をもつ SI 組立単位

量	SI 単位			
	名称	記号	他の SI 単位による表現	SI 基本単位による表現
平面角	ラジアン	rad		$m \cdot m^{-1} = 1$
立体角	ステラジアン	sr		$m^2 \cdot m^{-2} = 1$
周波数，振動数	ヘルツ	Hz		s^{-1}
力	ニュートン	N		$m \cdot kg \cdot s^{-2}$
圧力，応力	パスカル	Pa	N/m^2	$m^{-1} \cdot kg \cdot s^{-2}$
エネルギー，仕事，熱量	ジュール	J	$N \cdot m$	$m^2 \cdot kg \cdot s^{-2}$
仕事率，電力，放射束	ワット	W	J/s	$m^2 \cdot kg \cdot s^{-3}$
電気量	クーロン	C		$s \cdot A$
電位差，起電力	ボルト	V	W/A	$m^2 \cdot kg \cdot s^{-3} \cdot A^{-1}$
静電容量	ファラド	F	C/V	$m^{-2} \cdot kg^{-1} \cdot s^4 \cdot A^2$
電気抵抗	オーム	Ω	V/A	$m^2 \cdot kg \cdot s^{-3} \cdot A^{-2}$
コンダクタンス	ジーメンス	S	A/V	$m^{-2} \cdot kg^{-1} \cdot s^3 \cdot A^2$
磁　束	ウェーバ	Wb	$V \cdot s$	$m^2 \cdot kg \cdot s^{-2} \cdot A^{-1}$
磁束密度	テスラ	T	Wb/m^2	$kg \cdot s^{-2} \cdot A^{-1}$
インダクタンス	ヘンリー	H	Wb/A	$m^2 \cdot kg \cdot s^{-2} \cdot A^{-2}$
セルシウス温度	セルシウス度	°C		K
光　束	ルーメン	lm	$cd \cdot sr$	$m^2 \cdot m^{-2} \cdot cd = cd$
照　度	ルクス	lx	lm/m^2	$m^2 \cdot m^{-4} \cdot cd = m^{-2} \cdot cd$
放射能	ベクレル	Bq		s^{-1}
吸収線量	グレイ	Gy	J/kg	$m^2 \cdot s^{-2}$
線量当量	シーベルト	Sv	J/kg	$m^2 \cdot s^{-2}$

組立単位のうち角度を表すラジアン rad と立体角を表すステラジアン sr は，数学的に定義されることと無次元ということで特殊である．
rad：半径 r の円の中心から長さ l の弧を見込む角を l/r rad とする．
sr：球の中心を頂点とし，その球の半径を一辺とする正方形に等しい面積を球の表面上で切り取る立体角である．

近年，これら基本単位は，キログラム原器のような人工物に依らない定義（表 2.5）に変更され，2019 年 5 月 20 日より国際的に施行された．また SI では，単位の大きさからかけ離れた大きさの物理量を簡便に表すために，SI 接頭語（表 2.4）も定めている．なお，何を基本単位にとるかを決めるのは，研究過程の見方（切り口）の問題である．研究対象によっては，違う切り口で現象を見た方がわかりやすいこともある．そのときは基本単位の選び方（数や種類）を変えて，別の単位系で研究を行う．

表 2.4　接頭語

数量（倍量・分量）	名称	記号
1 000 000 000 000 000 000 000 000 000 000 10^{30}	クエタ	Q
1 000 000 000 000 000 000 000 000 000 10^{27}	ロナ	R
1 000 000 000 000 000 000 000 000 10^{24}	ヨタ	Y
1 000 000 000 000 000 000 000 10^{21}	ゼタ	Z
1 000 000 000 000 000 000 10^{18}	エクサ	E
1 000 000 000 000 000 10^{15}	ペタ	P
1 000 000 000 000 10^{12}	テラ	T
1 000 000 000 10^{9}	ギガ	G
1 000 000 10^{6}	メガ	M
1 000 10^{3}	キロ	k
100 10^{2}	ヘクト	h
10 10	デカ	da
1		
10^{-1} 0 .1	デシ	d
10^{-2} 0 .01	センチ	c
10^{-3} 0 .001	ミリ	m
10^{-6} 0 .000 001	マイクロ	μ
10^{-9} 0 .000 000 001	ナノ	n
10^{-12} 0 .000 000 000 001	ピコ	p
10^{-15} 0 .000 000 000 000 001	フェムト	f
10^{-18} 0 .000 000 000 000 000 001	アト	a
10^{-21} 0 .000 000 000 000 000 000 001	ゼプト	z
10^{-24} 0 .000 000 000 000 000 000 000 001	ヨクト	y
10^{-27} 0 .000 000 000 000 000 000 000 000 001	ロント	r
10^{-30} 0 .000 000 000 000 000 000 000 000 000 001	クエクト	q

※：2022 年 11 月に「ロナ（R)」，「クエタ（Q)」，「ロント（r)」，「クエクト（q)」が追加された．

表 2.5　基本単位（2019 年 5 月 20 日以降の新定義）

基本量	単　位	定　義
時　間	s	秒 s は時間の SI 単位であり，セシウム周波数 $\Delta\nu_{\mathrm{Cs}}$，すなわち，セシウム 133 原子の摂動を受けない基底状態の超微細構造遷移周波数を単位 Hz（s^{-1} に等しい）で表したときに，その数値を 9 192 631 770 と定めることによって定義される．
長　さ	m	メートル m は長さの SI 単位であり，真空中の光の速さ c を単位 $\mathrm{m\,s}^{-1}$ で表したときに，その数値を 299 792 458 と定めることによって定義される．ここで，秒はセシウム周波数 $\Delta\nu_{\mathrm{Cs}}$ によって定義される．
質　量	kg	キログラム kg は質量の SI 単位であり，プランク定数 h を単位 J s（$\mathrm{kg\,m^2\,s^{-1}}$ に等しい）で表したときに，その数値を 6.62607015×10^{-34} と定めることによって定義される．ここで，メートルおよび秒は c および $\Delta\nu_{\mathrm{Cs}}$ に関連して定義される．
電　流	A	アンペア A は電流の SI 単位であり，電気素量 e を単位 C（A s に等しい）で表したときに，その数値を $1.602176634\times10^{-19}$ と定めることによって定義される．ここで，秒は $\Delta\nu_{\mathrm{Cs}}$ によって定義される．
熱力学温度	K	ケルビン K は，熱力学温度の SI 単位であり，ボルツマン定数 k を単位 $\mathrm{J\,K^{-1}}$（$\mathrm{kg\,m^2\,s^{-2}\,K^{-1}}$ に等しい）で表したときに，その数値を 1.380649×10^{-23} と定めることによって定義される．ここで，キログラム，メートルおよび秒は h，c および $\Delta\nu_{\mathrm{Cs}}$ に関連して定義される．
物質量	mol	モル mol は，物質量の SI 単位であり，1 モルには，厳密に 6.02214076×10^{23} の要素粒子が含まれる．この数は，アボガドロ定数 N_{A} を単位 mol^{-1} で表したときの数値であり，アボガドロ数と呼ばれる．
光　度	cd	カンデラ cd は，所定の方向における光度の SI 単位であり，周波数 540×10^{12} Hz の単色放射の視感効果度 K_{cd} を単位 $1\,\mathrm{m\,W^{-1}}$（$\mathrm{cd\,sr\,W^{-1}}$ あるいは $\mathrm{cd\,sr\,kg^{-1}\,m^{-2}\,s^{3}}$ に等しい）で表したときに，その数値を 683 と定めることによって定義される．ここで，キログラム，メートルおよび秒は h，c および $\Delta\nu_{\mathrm{Cs}}$ に関連して定義される．

（資料：国立研究開発法人産業技術総合研究所 計量標準総合センター HP「国際単位系（SI）第 9 版（2019）要約 日本語版」を参考に作成）

第3章　測定値の取り扱い方

3.1 有効数字

物理学実験では観察を通して定性的に現象を理解するだけでなく，様々な物理量を定量的に測定し考察することも重要である．全ての物理量の測定値は，常にある曖昧(あいまい)さを伴っている．いま，物差しで棒の長さを測定する場合を考えよう．図 3.1 のように mm 目盛の物差しを棒にあてて両端の目盛を読み，これらの差を取れば棒の長さが分かる．このように，測定器具を用いて直接その結果が得られる測定を**直接測定**という．直接測定においては，測定器具は原則として最小目盛の 1/10 までを目測するので，図 3.1 ならば，棒の右端の読みとして例えば 67.4 mm という測定値が得られる．この 67.4 mm という値は，±0.1 mm 程度の曖昧さを含んではいるが，物理的には意味がある．そこで，測定値について，67.4 mm というように物理的に意味のある数字だけを並べて書いたとき，この数字を**有効数字**といい，その桁数を**有効桁数**という．67.4 mm は 0.0674 m とも書けるが，このとき位どりのために生じた 0 は有効数字ではない．また，67.4 mm を 67 400 μm と書くのは誤りである．67.4 mm は有効数字が 3 桁であるのに対し，67 400 μm と書くと有効数字は 5 桁になってしまう．この場合，6.74×10^4 μm と書かなければならない．

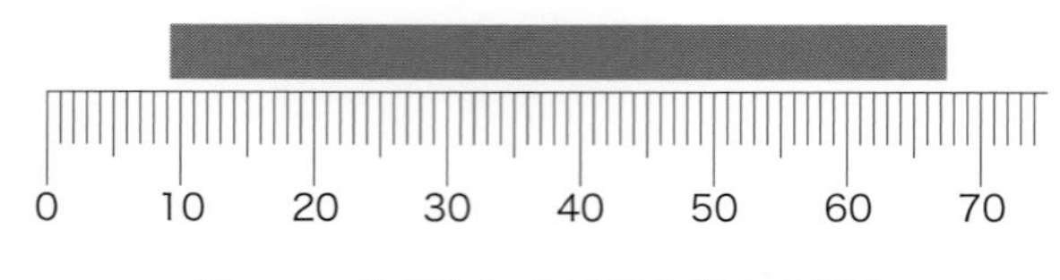

図 3.1　物差しによる棒の長さの測定

次に，長方形の面積を測定することを考えよう．この場合，長方形の 2 辺の長さを物差しで測定し，それらの測定値を掛けることによって面積が得られる．このように，直接測定で得られた複数の測定値を理論式や定義式にあてはめて，目的とする量を得る測定を**間接測定**という．さて，長方形の 2 辺の長さ a, b として $a = 123.4\,\mathrm{mm}$, $b = 67.8\,\mathrm{mm}$ という測定値が得られたとする．このときの面積 S は $S = a \times b = 8\,366.52\,\mathrm{mm}^2$ となるが，この数値全てが有効数字だろうか．前述したように，a, b には ±0.1 mm 程度の曖昧さがあるので，それぞれの最小値 $a_{\mathrm{min}}, b_{\mathrm{min}}$ と最大値 $a_{\mathrm{max}}, b_{\mathrm{max}}$ は，

$$a_{\mathrm{min}} = 123.3\,\mathrm{mm}\,, \qquad b_{\mathrm{min}} = 67.7\,\mathrm{mm}$$
$$a_{\mathrm{max}} = 123.5\,\mathrm{mm}\,, \qquad b_{\mathrm{max}} = 67.9\,\mathrm{mm}$$

である．従って，求める面積の最小限界値 S_{min} と最大限界値 S_{max} は，

$$S_{\mathrm{min}} = a_{\mathrm{min}} \times b_{\mathrm{min}} = 123.3\,\mathrm{mm} \times 67.7\,\mathrm{mm} = 8\,347.41\,\mathrm{mm}^2$$

$$S_{\mathrm{max}} = a_{\mathrm{max}} \times b_{\mathrm{max}} = 123.5\,\mathrm{mm} \times 67.9\,\mathrm{mm} = 8\,385.65\,\mathrm{mm}^2$$

となり，求める面積 S は，

$$S_{\mathrm{min}} \leq S \leq S_{\mathrm{max}}$$

の範囲にあることが分かる．このとき，曖昧さが入ってくる最初の桁までが有効数字であるから，面積の測定値は $S = 8.37 \times 10^3\,\mathrm{mm}^2$ と有効桁数 3 桁で表さなければならない．

以下に四則演算や関数における有効数字の取り扱い方をまとめる．

[加減算] 有効数字の末位の桁が最も大きいものに合わせる．

$$\begin{array}{rl} & 807.\underline{5} \\ & 0.094\underline{8} \\ & 3.69\underline{5} \\ + & 25.2\underline{7} \\ \hline & 836.\not{5}\not{5}\not{9}\not{8} \quad \rightarrow \quad 836.6 \\ & 6 \end{array}$$

最終的には曖昧な 1 桁を残している．加減算の場合は，有効桁数 3 桁と 4 桁の計算結果が必ずしも有効桁数 3 桁とはならない．

[乗除算] 有効数字の桁数が最も小さいものに合わせる．

$$\begin{array}{rr} & 723\underline{5} \\ \times & 2\underline{4} \\ \hline & \underline{28940} \\ & 144\underline{70} \\ \hline & 17\not{3}\not{6}\not{4}\not{0} \quad \rightarrow \quad 1.7 \times 10^5 \end{array}$$

ここで，2 つの数字の末尾の桁には ± 1 程度の曖昧さがあるため，下線部は曖昧な数値なので，最終的には曖昧な 1 桁を残している．

[加減乗除] 上述の 2 例を組み合わせればよい．

$$\begin{aligned} (807.\underline{5} - 25.2\underline{7}) \div (3.7\underline{0} + 0.09\underline{5}) &= 782.\underline{23} \div 3.7\underline{95} \\ &\rightarrow 782.\underline{2} \div 3.8\underline{0} \\ &= 20\underline{5.8\cdots} \\ &\rightarrow 206 \end{aligned}$$

[関　数] 引数を有効数字で丸めずに関数の値を計算してから，引数の有効桁数に合わせることでよい場合が多い[1]．

$$\sin(2.36\underline{5}\ \mathrm{rad} - 1.5\underline{7}\ \mathrm{rad}) = \sin(0.7\underline{95}\ \mathrm{rad}) = 0.7\underline{13\cdots} \rightarrow 0.71$$

なお，有効数字は物理量をある単位と 10 進法の数値で表現した場合に有効な桁がどこまでであるかを表したものに過ぎず，曖昧さを表す大まかな指標でしかないことに注意する．数値の繰り上がりや単位の選び方，演算の順番などによって有効桁数が変わってしまうことがある．例えば，$c = 9.9\,\mathrm{mm}$ と $d = 10.0\,\mathrm{mm}$ という 2 つの測定値に対して，それぞれ $\pm 0.1\,\mathrm{mm}$ 程度の曖昧さをもっていた場合，両者には本質的に大きな違いは無いにも関わらず，前者を有効桁数 2 桁，後者を有効桁数 3 桁と表現してしまう．もし，これらの測定値を 10 進法以外の数値で表現したり，inch（インチ）単位で表現したりしていれば，この 2 つの測定値に有効数字の変化は起こらなかった．そこで，より定量的に曖昧さを議論するためには次節で取り扱う**不確かさ**を考える必要がある．

1　無限回微分可能な関数はベキ級数で表せる（マクローリン展開，テイラー展開）ので，加減乗除と同様に考えればよい．

3.2 不確かさ

3.2.1 最良推定値と不確かさ

測定の目的は測定対象量 (物理量) のもっともらしい値を推定すること，すなわち**最良推定値**を決定することである．さらに，実験結果の曖昧さを定量的に考えるために，**不確かさ (uncertainty)** と呼ばれる「測定結果に帰属する量の値のばらつきを特徴付けるパラメータ」を示すことも重要である．この不確かさの評価方法は国際的に統一されており，「計測における不確かさの表現のガイド (Guide to the Expression of Uncertainty in Measurement: GUM)」にまとめられている．GUM では，測定結果の信頼性の表現を明確にするために，従来用いられてきた「誤差 (error)」の代わりに，測定値に関する付加情報であることをより明確にした不確かさの概念に基づく表記方法が推奨されている．ここで「不確かさ」という用語は数学的な誤差論で扱う「誤差」とは異なる概念である．通常，誤差論ではある測定対象量の「真値」が存在するものとして，「真値」と測定値の差を「誤差」と定義して議論を始める．しかし，測定とは人の作った道具や装置を用いて行われているものであり，また試行回数が有限である以上，「真値」は決して求められない．従って，「誤差」自身が曖昧な量である．一方，不確かさは「真値」に依存しないで測定値の曖昧さを表す量であり，用いた測定法自体の評価や測定値のばらつきなどから確率論的な解釈に基づいて推定される[1]．

一般的に，測定対象量 X の測定結果は最良推定値 $\langle x \rangle$ と不確かさ Δx を用いて，

$$X \quad = \quad \langle x \rangle \ \pm \ \Delta x \tag{3.1}$$

のように表記される．いま，ある測定対象量 X を n 回測定して $x_1, x_2, \cdots, x_n$ という測定値が得られたとする．測定値の**算術平均**(平均値) は，

$$\overline{x} = \frac{x_1 + x_2 + \cdots + x_n}{n} = \frac{1}{n}\sum_{i=1}^{n} x_i \tag{3.2}$$

と計算できる．最良推定値 $\langle x \rangle$ には確率論の大数の法則により，この算術平均 $\overline{x}$ を（必要があれば補正してから）用いればよい．また，不確かさにはその求め方によって

-統計的方法で求める不確かさ (タイプ A の不確かさ)

-統計的方法以外で求める不確かさ (タイプ B の不確かさ)

という 2 つのタイプがある．それぞれのタイプの**標準不確かさ**を求め，これらを同等に合成することで**合成標準不確かさ**を計算し，最終的に**拡張不確かさ**を導出する．以下では，これらを順に説明する．

3.2.2 統計的方法で求める不確かさ（タイプ A の不確かさ）

【正規分布】

物理量の最良推定値とその不確かさを求めるためには，統計的な測定値のばらつきについて何らかの法則を仮定する必要がある．測定値 x を多数回測定した場合を考える．多くの物理量の測定では測定値の分布は，

$$f_{\mathrm{G}}(x; \mu, \sigma) = \frac{1}{\sqrt{2\,\pi\sigma^2}} \exp\left[-\frac{(x-\mu)^2}{2\sigma^2}\right] \tag{3.3}$$

で与えられる **正規分布**あるいは**ガウス**（Gauss）**分布**となる．ここで，測定値 x はこの関数の変数であり，母平均 μ および**母分散**σ^2 は関数のパラメータである．分散の値が大きいほど測定値の分布が広がっている（図 3.2）．分散の正の平方根 σ はガウス分布の**標準偏差**であり，$x = \mu \pm \sigma$ は $f(x)$ の変曲点 (2 階微分がゼロの点) になっている．

[1] 現状では，不確かさ (uncertainty) の意味で「誤差 (error)」という言葉を用いている場合も未だ多く残っているので注意を要する．

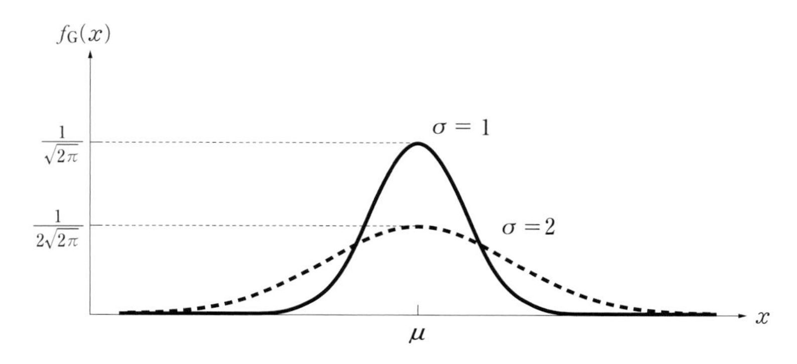

図 3.2　分散の大小による正規分布の広がり具合

関数 $f_G(x)$ は，測定値が x と $x+dx$ の間にある確率を与えるからであり，その確率は $f_G(x)dx$ である．従って，図 3.3 に示す $x=\mu\pm\delta$ の直線と曲線とで囲まれた部分の面積（網目の部分）は，測定値が $\mu-\delta$ から $\mu+\delta$ の範囲内（以下簡単のために，「$\mu\pm\delta$ の範囲内」と記述する）にある確率を示す．$\delta=1\sigma, 2\sigma, 3\sigma$ としたときの確率はそれぞれ 68.3%，95.4%，99.7%である．なお，この曲線 $f_G(x)$ と x 軸とで囲まれた全面積は 1 に規格化されている[1]．

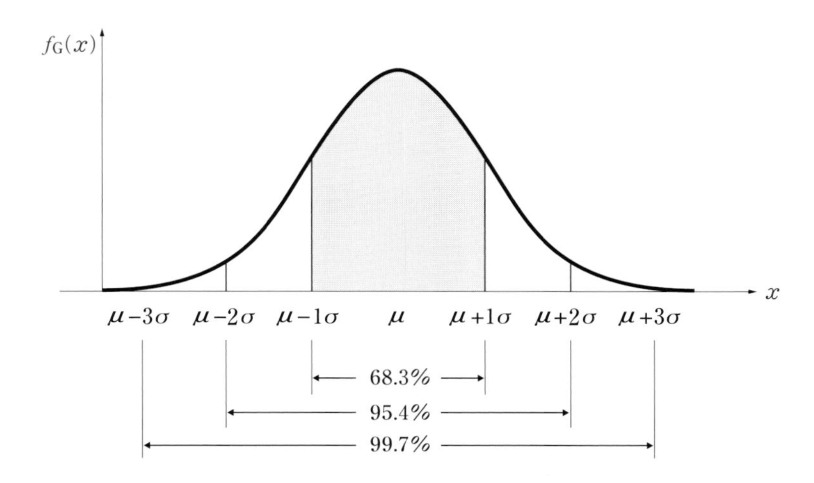

図 3.3　正規分布における確率．網目の部分の面積が $\mu\pm1\sigma$ の範囲内の測定値を得る確率を示す

【測定値の標準偏差 (実験標準偏差)】

同様の実験を無限回繰り返せるという理想的な状況を考える数学的な「誤差論」において，その平均値は母平均 μ になる（平均値 $\bar{x}$ でないことに注意すること）．いま，ある測定対象量 X を n 回測定して $x_1, x_2, \cdots, x_n$ という測定値が得られたとする．測定値 x_i と母平均 μ の差 (これを**誤差**と呼ぶこととする) である．誤差 ε_i は，

$$\varepsilon_i = x_i - \mu \quad (i = 1, 2, \cdots, n) \tag{3.4}$$

であり，n が十分に大きい場合には誤差 ε_i の 2 乗平均の平方根，

$$\sqrt{\frac{\sum_{i=1}^{n} {\varepsilon_i}^2}{n}} = \sqrt{\frac{\sum_{i=1}^{n} (x_i - \mu)^2}{n}} \tag{3.5}$$

は，n が十分に大きい場合は，ガウス分布の標準偏差 σ となる[2]．しかし，実際の測定では無限回の測定を行う

---

[1] ところで，$f_G(x)$ は $x-\mu$ について偶関数なので $f_G(x)$ について述べたことを母平均 μ と測定値 x を入れかえて考えれば，次のように解釈することができる．ある測定値 x が得られたとき，$x\pm\sigma$ の範囲内に母平均 μ が存在する確率は 68.3％である．同じように，$x\pm2\sigma$ では 95.4％であり，$x\pm3\sigma$ では 99.7％になる．そこで，標準偏差 σ の値が小さいほど，精度の高い測定であり，また σ の大小により結果の信頼性を評価できる．

[2] 以降 $\sum_{i=1}^{n}$ は $\sum$ と省略する．

ことは不可能であり，母平均 μ を知ることはできないので，(3.5) 式を計算する方法を改めて考えてみる．

いま，測定値 x_i と平均値 $\overline{x}$ の差（これを**残差**と呼ぶこととする）を，

$$v_i = x_i - \overline{x} \tag{3.6}$$

とおく．すると，誤差 ε_i は残差 v_i を用いて，

$$\varepsilon_i = x_i - \mu = (x_i - \overline{x}) + (\overline{x} - \mu) = v_i + (\overline{x} - \mu) \tag{3.7}$$

と書くことができる．従って，誤差の 2 乗和は，

$$\sum {\varepsilon_i}^2 = \sum {v_i}^2 + 2(\overline{x} - \mu)\sum v_i + n(\overline{x} - \mu)^2 \tag{3.8}$$

となる．この式の第 2 項は，残差の定義 (3.6) 式より $\sum v_i = 0$ であり，第 3 項の因子は，

$$(\overline{x} - \mu)^2 = \left(\frac{\sum x_i}{n} - \mu\right)^2 = \frac{1}{n^2}\left\{\sum \varepsilon_i\right\}^2 = \frac{1}{n^2}\left(\sum {\varepsilon_i}^2 + 2\sum\sum_{i \neq j} \varepsilon_i \varepsilon_j\right) \tag{3.9}$$

となる．この式のカッコ内の第 2 項は，i 番目と j 番目の測定が独立なら十分大きな n に対して，$\sum\sum_{i \neq j} \varepsilon_i \varepsilon_j = 0$ となるから，

$$\sum {\varepsilon_i}^2 = \sum {v_i}^2 + \frac{\sum {\varepsilon_i}^2}{n} \tag{3.10}$$

となる．これを整理すると，母平均 μ を知らなくても，測定値から直接計算できる残差 v_i を用いて表した式，

$$\sigma_x = \sqrt{\frac{\sum {v_i}^2}{n-1}} = \sqrt{\frac{\sum (x_i - \overline{x})^2}{n-1}} \tag{3.11}$$

が母標本の標準偏差 σ の最良推定値である．この σ_x を**実験標準偏差** (あるいは標本標準偏差) と呼ぶ．物理学実験では，限られた測定回数の測定値からばらつきを表すパラメータを決定するので，標準偏差の推定には (3.5) 式ではなく (3.11) 式を用いることに注意する．

【平均値の標準偏差 (標準不確かさ)】

さらに，最良推定値（平均値）の不確かさを推定する必要がある，(3.11) 式の実験標準偏差 σ_x は，1 個 1 個の測定値が平均値からどの程度ばらつくかを示しており，n 個の測定値の情報を全て利用した平均値の不確かさにはなっていない．3.3 節で述べる不確かさの伝播法則を利用すると，最良推定値の実験標準偏差は，

$$\delta x_{\mathrm{A}} = \frac{\sigma_x}{\sqrt{n}} = \sqrt{\frac{\sum (x_i - \overline{x})^2}{n(n-1)}} \tag{3.12}$$

と表すことができる．この δx_{A} を測定値 x のタイプ A の**標準不確かさ**という．

(3.12) 式から分かるように，各測定値の実験標準偏差よりも最良推定値（平均値）の標準不確かさの方が $1/\sqrt{n}$ だけ小さい．従って，測定回数を増やせば最良推定値の標準不確かさは減少する．例えば，最良推定値の標準不確かさを 1/10 にしようと思えば，測定回数を 100 倍にすればよい．

3.2.3　統計的以外の方法で求める不確かさ (タイプ B の不確かさ)

統計的方法で求める不確かさ (タイプ A の不確かさ) 以外にも測定値に起こりうるばらつきについて，入手できるあらゆる情報から標準不確かさを見積もる必要がある．例えば，

-以前の測定データ

-測定器具の動作や材料の特性についての一般的知識または経験

-製造業者から得られる仕様や，校正証明書などに記載されたデータ

などがある．特に，繰り返し観測を行わない測定やデジタル表示する測定器の最小目盛が平均化により，複数回測定しても同一の測定値しか得られない場合，その不確かさをゼロにするのではなく，タイプBの不確かさも適切に評価しなければならない．しかし，タイプBの不確かさを評価するには経験や一般知識に基づいた洞察力が必要とされ，訓練によって会得できる技術が必要であるとされる．

そこで本物理学実験では，測定器具で測れる最小量を表す**分解能**に由来する不確かさを中心に検討する．まず，アナログ表示の測定器具に対する分解能による標準不確かさは分解能の値自身であるとみなす[1]．次に，デジタル表示の測定器具では最小目盛の意味を考え，次のようなことを検討することができる．確率分布関数 $f(x)$ の平均値 μ と標準偏差 σ は，

$$\mu = \int_{-\infty}^{\infty} x f(x)\, dx \tag{3.13}$$

$$\sigma = \sqrt{\int_{-\infty}^{\infty} (x-\mu)^2 f(x) dx} \tag{3.14}$$

である．従って，図 3.4(a) に示すように，デジタル表示の測定値は最小目盛の範囲内 $(\mu - a \leq x \leq \mu + a)$ で確率が一様な矩形分布とみなせる．この標準不確かさは矩形分布の標準偏差，

$$\delta x_{\mathrm{sq}} = \sqrt{\frac{1}{2a}\int_{\mu-a}^{\mu+a} (x-\mu)^2 dx} = \frac{a}{\sqrt{3}} \tag{3.15}$$

であると考えられる．例えば，電流 I をデジタル表示の最小目盛が 0.01 A の電流計で測定し，$I = 0.07$ A と示した場合，電流値は 0.065 A から 0.075 A までの間に一様な確率分布をもつ．従って，電流の分解能による標準不確かさは $\delta I = 0.005/\sqrt{3}$ A$=$ 0.00289 A とみなせる一方で，同じ幅をもつ矩形分布の測定値を加減算することで得られた間接測定値は図 3.4(b) に示すように，ある範囲内 $(\mu - b \leq x \leq \mu + b)$ で三角分布とみなせる．この標準不確かさは三角分布の標準偏差，

$$\delta x_{\mathrm{tri}} = \sqrt{\int_{\mu-b}^{\mu+b} (x-\mu)^2 \frac{b-|x-\mu|}{b^2} dx} = \frac{b}{\sqrt{6}} \tag{3.16}$$

である．

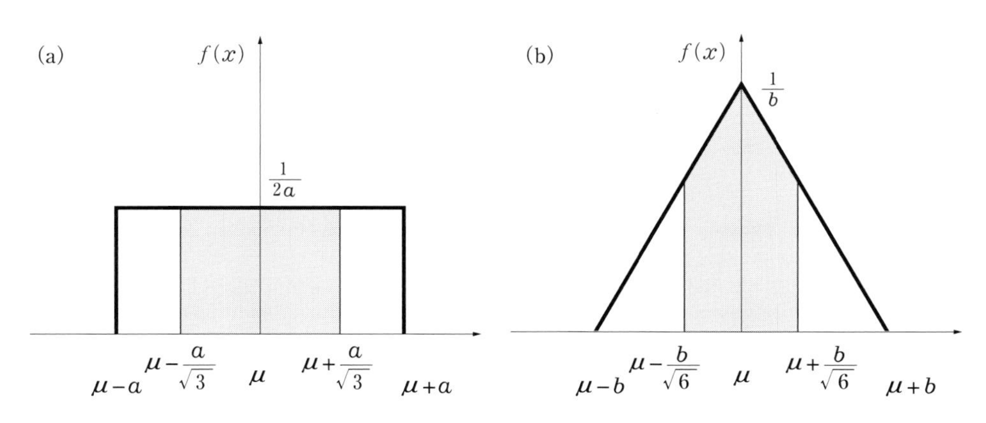

図 3.4 (a) 矩形分布と (b) 三角分布の分布関数を仮定した場合の不確かさ

[1] 実際には装置の仕組みや目盛の振り方，視差などの影響で，最小目盛の 1/10 などと定めた分解能が標準不確かさになるとは一概にはいえないが，本物理学実験ではこのように取り扱うこととする．

このように，同じ不確かさをもつ加減算で得られた測定値は，それぞれの不確かさの $\sqrt{2}$ 倍になる[1]．従って，アナログ表示でも左右の読み取り値の引き算で長さを測定する物差しや測定値から零点誤差を引き算するマイクロメーターなど差分を扱う場合では，分解能による不確かさは分解能の値を $\sqrt{2}$ 倍する必要がある．以上をまとめると，分解能の (デジタル表示の場合は最小目盛の全幅)r に対して分解能による標準不確かさ δx_{B1} は，

$$\delta x_{\mathrm{B1}} = \begin{cases} r & (\text{アナログ表示，直接}) \\ \sqrt{2}r & (\text{アナログ表示，和や差}) \\ r/(2\sqrt{3}) & (\text{デジタル表示，直接}) \\ r/\sqrt{6} & (\text{デジタル表示，和や差}) \end{cases} \tag{3.17}$$

と考えることとする．

分解能以外の要因による不確かさも，もし影響が大きい場合は考慮に入れる必要がある．例えば，測定器具の**公差**（**許容差**）が不確かさを与えることもあり得る．測定器具にはそれぞれ個性があり本来の測定値から**器差**の分だけ少し異なる値を示しうる．そこで，測定器具はより精度良く測定対象量が分かっている標準器を用いて測定結果を補正する必要がある．これを**校正**という．器差が公差の範囲であるように校正されて，検定された測定器具のみが出荷されることで品質が保証されている．表 3.1 と表 3.2 に物差しの公差と電流計の公差を示す．これらの表に示される以上の精度は普通品に対しては保証されていない．電流計や電圧計の場合，公差で級（class）分けされている．級の前の数値は公差を測定値のフルスケールで割り，%で表したものである．0.2 級は副標準機（据置用），0.5 級は精密測定（携帯用），1.0 級は一般用測定（小型携帯用）に，1.5 級，2.5 級は工業用測定に主に用いられる．測定器具は目的に応じた級を選択することは当然だが，フルスケール（最大測定量）も適当なものを選ばなくてはならない．その他の代表的な測定器具の公差は 7.2 節にまとめている．

表 3.1　物差しの公差

物差しの全長	被測定物が全長の半分以下	被測定物が全長の半分 ~ 全長
50 cm 以下	0.25 mm	0.5 mm
50 cm 以上 1 m 以下	0.38 mm	0.75 mm

表 3.2　電流計（電圧計）の公差

	0.2 級	0.5 級	1.0 級	1.5 級	2.5 級
フルスケールに対する公差（%）	0.2	0.5	1.0	1.5	2.5

3.2.4 合成標準不確かさの求め方

物理量 X の合成標準不確かさ δx_{c} はタイプ A の標準不確かさ δx_{A} や複数のタイプ B の標準不確かさ $\delta x_{\mathrm{B1}}, \delta x_{\mathrm{B2}} \cdots$ を用いて，

$$\delta x_{\mathrm{c}} = \sqrt{(\delta x_{\mathrm{A}})^2 + (\delta x_{\mathrm{B1}})^2 + (\delta x_{\mathrm{B2}})^2 + \cdots} \tag{3.18}$$

となる．また，最良推定値 $\overline{x}$ に対する不確かさの割合を**相対不確かさ**と呼び，例えば相対合成標準不確かさは，

$$(\text{相対不確かさ}) = \frac{(\text{不確かさ})}{(\text{最良推定値})} = \frac{\delta x_{\mathrm{c}}}{\overline{x}} \tag{3.19}$$

のように計算できる．

[1] 次項の合成標準不確かさや次節の不確かさの伝播法則も参照．

3.2.5 包含係数と拡張不確かさ

本節の最初にも述べたように，物理量 X の測定結果を示す際には得られた最良推定値 $\overline{x}$ とともに不確かさも示す必要がある．ガウス分布を仮定すると，$\overline{x}-\delta x_{\mathrm{c}}<x<\overline{x}+\delta x_{\mathrm{c}}$ の範囲に測定値が入る確率 (信頼率) は 68.3%しかない．そこで，標準不確かさに**包含係数**k をかけた拡張不確かさ $\Delta x=k\delta x_{\mathrm{c}}$ を用いて測定結果を，

$$\begin{aligned} X &= \overline{x} \pm \Delta x \\ &= \overline{x} \pm k\delta x_{\mathrm{c}} \end{aligned} \tag{3.20}$$

と表すことが一般的である．包含係数 k は $1\leq k\leq 3$ の範囲で指定され，$k=2\sim 3$ が推奨されている．k が書かれていない場合には，$k=1$ とみなすことが多い．本物理学実験では，信頼率が 95.4%を意味する $k=2$ を用いることとする．測定結果の拡張不確かさの有効桁数はせいぜい 1~2 桁で示せば十分である．なぜなら，不確かさはそれ自身がばらつきの大きさを示しているものであり，不確かさの曖昧さを，さらに精密に表現することに，ほとんど意味は無い．そこで，本物理学実験では原則として有効桁数 1 桁で表すこととするが，「理科年表」などのように標準不確かさを 2 桁で表す場合もある．また，最良推定値は拡張不確かさの有効数字の桁まで示せばよく，その桁を超えて示してはいけない．

例えば，長さ L の測定結果として，最良推定値が $\overline{L}=45.321\,\mathrm{mm}$ で合成標準不確かさ $\delta L=0.034\,\mathrm{mm}$ のとき，拡張不確かさは包含係数 $k=2$ を用いて $\Delta L=2\delta L=0.068\,\mathrm{mm}$ となるので，長さ L の測定結果は，

$$L=(45.32\pm 0.07)\ \mathrm{mm} \qquad \text{（ただし，包含係数 } k=2\text{）} \tag{3.21}$$

のように表す．

3.3 不確かさの伝播法則

3.3.1 間接測定とその不確かさ評価

これまではある物理量を直接測定する場合を考えた．一方で，複数の物理量を直接測定し，その測定結果を演算によって処理して別の物理量を決定する間接測定する場合もある．ある物理量 Z が他の独立な物理量 $X,Y,\cdots$ の関数として，

$$Z=f(X,Y,\cdots) \tag{3.22}$$

で与えられる場合を考える．$X,Y,\cdots$ についてそれぞれ直接測定して最良推定値が $\overline{x},\overline{y},\cdots$，合成標準不確かさが $\delta x_{\mathrm{c}},\delta y_{\mathrm{c}},\cdots$ と求められたとする．物理量 Z の最良推定値 $\overline{z}$ と標準不確かさ δz は，

$$\overline{z}=f\left(\overline{x},\overline{y},\cdots\right) \tag{3.23}$$

$$\delta z=\sqrt{\left(\left.\frac{\partial f}{\partial X}\right|_{\substack{X=\overline{x}\\ Y=\overline{y}\\ \vdots}}\right)^2(\delta x_{\mathrm{c}})^2+\left(\left.\frac{\partial f}{\partial Y}\right|_{\substack{X=\overline{x}\\ Y=\overline{y}\\ \vdots}}\right)^2(\delta y_{\mathrm{c}})^2+\cdots} \tag{3.24}$$

となる．(3.24) 式を**不確かさの伝播**（でんぱ）**法則**という．

次に，このようにして得られた Z の標準不確かさに，もし必要があれば物理量 Z 固有のタイプ B の標準不確かさ δz_{B} も合成し，間接測定値の合成標準不確かさ，

$$\delta z_{\mathrm{c}}=\sqrt{(\delta z)^2+(\delta z_{\mathrm{B}})^2+\cdots} \tag{3.25}$$

を推定する[1]．このような不確かさを考慮する必要が無ければ，$\delta z_{\mathrm{c}} = \delta z$ とみなしてよい．そして最終的に，包含係数 k をかけた拡張不確かさ Δz を用いて，測定結果を，

$$\begin{aligned} Z &= \overline{z} \pm \Delta z \\ &= \overline{z} \pm k\delta z_{\mathrm{c}} \end{aligned} \tag{3.26}$$

のように表す．

3.3.2　代表的な不確かさの伝播法則の例

X, Y を直接測定して最良推定値 $\overline{x}, \overline{y}$ と，それぞれ合成標準不確かさ $\delta x_{\mathrm{c}}, \delta y_{\mathrm{c}}$ が得られている．間接測定で得られる $Z = f(X,Y)$ の推定値 $\overline{z}$ は $\overline{z} = f(\overline{x}, \overline{y})$ で，標準不確かさ δz は演算によって次のようになる．この一般式の性質を知っておくと，毎回不確かさの伝播法則を一から計算しなくてもよいので便利である．

加減算

$$Z = f(X,Y) = aX \pm bY \tag{3.27}$$

とするとき，Z の標準不確かさ δz は，

$$\delta z = \sqrt{(a\,\delta x_{\mathrm{c}})^2 + (b\,\delta y_{\mathrm{c}})^2} \tag{3.28}$$

となる．ここで，a と b は定数である．減算でも不確かさは減算されるわけではなく加算されるので標準不確かさは増大する．

乗除算

$$Z = f(X,Y) = cX^nY^m \tag{3.29}$$

で，c，n，m は定数である．このとき，Z の標準不確かさ δz は，

$$\delta z = \sqrt{\left(cn\overline{x}^{n-1}\overline{y}^m\right)^2 (\delta x_{\mathrm{c}})^2 + \left((cm\overline{x}^n\overline{y}^{m-1}\right)^2 (\delta y_{\mathrm{c}})^2} \tag{3.30}$$

となる．式 (3.28) の相対不確かさは両辺を $\overline{z}$ で割り算して，

$$\frac{\delta z}{\overline{z}} = \sqrt{\left(n\frac{\delta x_{\mathrm{c}}}{\overline{x}}\right)^2 + \left(m\frac{\delta y_{\mathrm{c}}}{\overline{y}}\right)^2} \tag{3.31}$$

と得られる．各測定量の相対不確かさとべき乗の指数の積を 2 乗し，その和の平方根となる．

3.3.3　不確かさの導出方法

これまでの不確かさの導出方法をまとめると図 3.5 のようになる．

間接測定の最良推定値と不確かさの見積もりの例として，「4.5 節 密度の測定」を考える．縦，横，厚さがそれぞれ b, l, d で，質量が m の直方体の板の密度 ρ は，

$$\rho = \frac{m}{bld} \tag{3.32}$$

で与えられる．(3.32) 式から，ρ の不確かさの式は (3.24) 式あるいは (3.31) 式を使って，

$$\frac{\delta\rho}{\overline{\rho}} = \sqrt{\left(\frac{\delta m}{\overline{m}}\right)^2 + \left(\frac{\delta b}{\overline{b}}\right)^2 + \left(\frac{\delta l}{\overline{l}}\right)^2 + \left(\frac{\delta d}{\overline{d}}\right)^2} \tag{3.33}$$

となる．測定器具として m を電子てんびん（分解能 0.01 g，測定範囲 $0 \sim 600$ g），b をノギス（分解能 0.05 mm，

[1] 例えば，長方形測定試料の縦の長さ a と横の長さ b から長方形の面積 $S = ab$ を推定する場合，その測定試料が平行四辺形でなく長方形になっている程度については a や b の不確かさには含まれておらず，必要があれば S の不確かさに合成する形で考慮しなければならない．

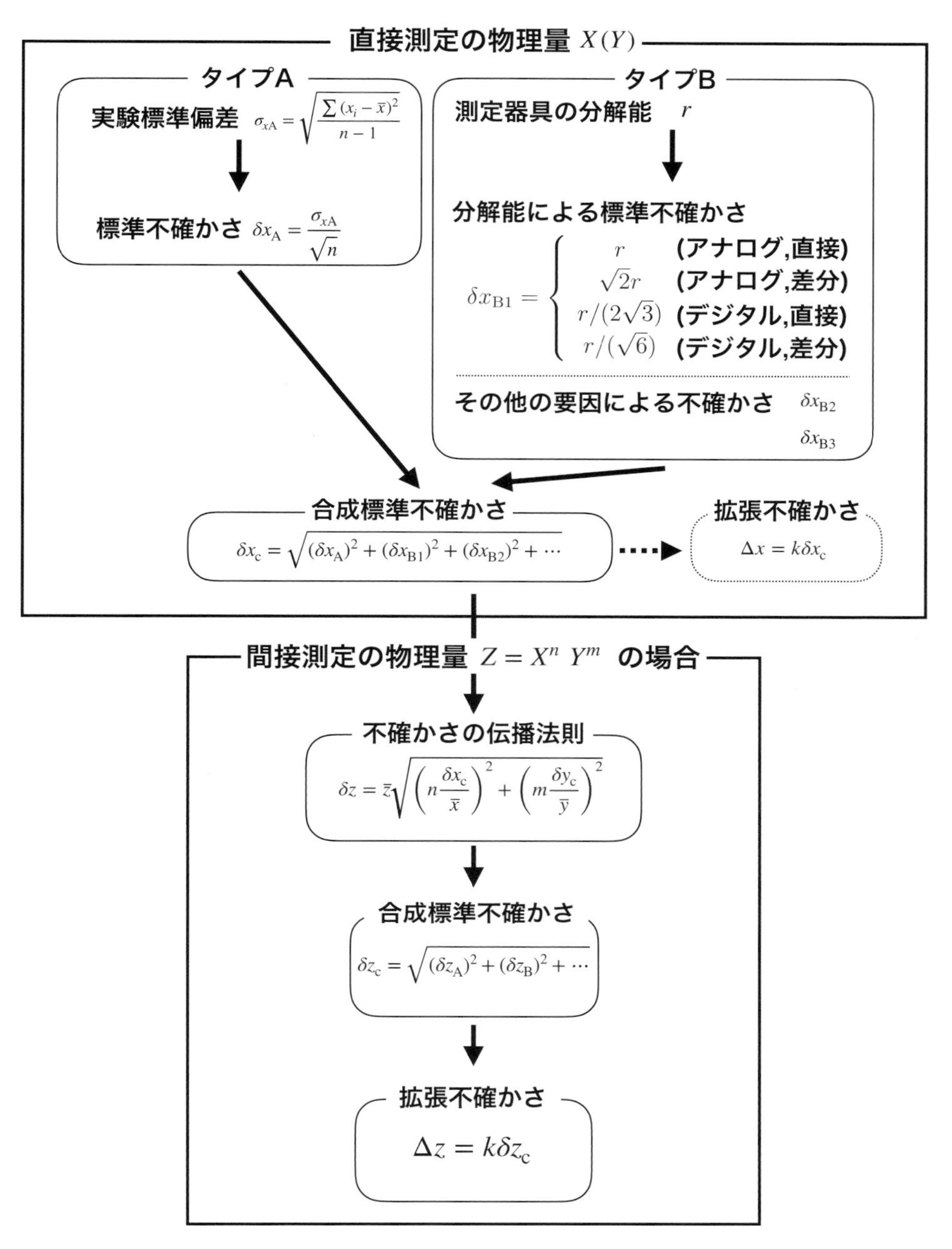

図 **3.5**　不確かさの導出方法

表 **3.3**　密度の測定のための直接測定の結果の例

	m (g)	b (mm)	l (mm)	d (mm)
測定器具	電子てんびん	ノギス	物差し	マイクロメーター
最良推定値	418.23	71.67	363.5	1.804
タイプ A の標準不確かさ	0	0.021	0.030	0.0022
分解能による標準不確かさ	$0.005/\sqrt{3}$ $=0.0029$	0.05	$0.1\times\sqrt{2}$ $=0.14$	$0.001\times\sqrt{2}$ $=0.0014$
合成標準不確かさ	0.0029	0.054	0.14	0.0026
相対不確かさ（無次元）	0.0000069	0.00076	0.00039	0.0015

注）デジタル表示の電子てんびんでは分解能の半分を $\sqrt{3}$ で割ることで分解能による不確かさとなる．物差しは左右の測定，マイクロメーターは零点誤差の引き算があるので，分解能に $\sqrt{2}$ を掛けることで分解能による不確かさとなる．

測定範囲 0 ～ 200 mm)，l を物差し（分解能 0.1 mm，測定範囲 0 ～ 500 mm）d をマイクロメーター（分解能 0.001 mm，測定範囲 0 ～ 25 mm）を用いて測定し，m, b, l, d の各直接測定の結果が表 3.3 のように得られたとする．

これより，密度の最良推定値は，

$$\overline{\rho} = \frac{418.23\,\mathrm{g}}{7.167\,\mathrm{cm} \times 36.35\,\mathrm{cm} \times 0.1804\,\mathrm{cm}} = 8.900\,\mathrm{g/cm^3} \tag{3.34}$$

であり，その標準不確かさは，

$$\begin{aligned}\delta\rho &= 8.900\,\mathrm{g/cm^3} \times \sqrt{\left(\frac{0.0029\,\mathrm{g}}{418.23\,\mathrm{g}}\right)^2 + \left(\frac{0.054\,\mathrm{mm}}{71.67\,\mathrm{mm}}\right)^2 + \left(\frac{0.14\,\mathrm{mm}}{363.5\,\mathrm{mm}}\right)^2 + \left(\frac{0.0026\,\mathrm{mm}}{1.804\,\mathrm{mm}}\right)^2} \\ &= 8.900\,\mathrm{g/cm^3} \times \sqrt{0.0000069^2 + 0.00076^2 + 0.00039^2 + 0.0015^2} \\ &= 0.015\,\mathrm{g/cm^3}\end{aligned} \tag{3.35}$$

である．この値に包含係数 $k = 2$ をかけた拡張不確かさは，

$$\Delta\rho = k\delta\rho = 2 \times 0.015\,\mathrm{g/cm^3} = 0.030\,\mathrm{g/cm^3} \tag{3.36}$$

となる．よって，密度の測定結果は，

$$\rho = (8.90\ \pm 0.03)\ \mathrm{g/cm^3} \qquad \text{（ただし，包含係数 } k = 2\text{）} \tag{3.37}$$

である．

3.4 加重平均法

3.4.1 加重平均法

ある物理量を分解能の異なるいくつもの測定器で測定したときなどのように，不確かさの異なる測定値の平均値はその物理量の最良推定値とはいえない．この場合，各測定値の信頼性を示す**重み**をつけて平均しなければならない．測定値 $x_1, x_2, \cdots, x_n$ の重みをそれぞれ $w_1, w_2, \cdots, w_n$ とすると，最良推定値 $\overline{x}$ は，

$$\overline{x} = \frac{\sum w_i x_i}{\sum w_i} \tag{3.38}$$

で与えられる．(3.38) 式を**加重平均法**という．加重平均法の重みは，各測定値の標準不確かさ $\delta x_1, \delta x_2, \cdots, \delta x_n$ を用いて，

$$w_i = \frac{1}{(\delta x_i)^2} \quad (i = 1, 2, \cdots, n) \tag{3.39}$$

とすればよい．すなわち，加重平均法とは，不確かさの小さな測定には大きな重みをつけ，不確かさの大きな測定には小さな重みをつけて平均する方法である．

3.4.2 周期的に繰り返される量の平均と不確かさ

加重平均法の例として，振り子の周期（あるいは，等間隔に並んだ縞(しま)の間隔）を測定することを考える．振り子がある基準点を同じ向きに通過する時刻を測定し，$a_1, a_2, a_3, \cdots, a_n$ なる値を得たとすれば，隣り合う測定値の差 $a_2 - a_1, a_3 - a_2, \cdots, a_n - a_{n-1}$ は振り子の周期 T を与えるので，その平均をとれば周期の最良推定値，

$$\overline{T} = \frac{(a_2 - a_1) + (a_3 - a_2) + \cdots + (a_n - a_{n-1})}{n-1} = \frac{a_n - a_1}{n-1} \tag{3.40}$$

が得られる．しかしこの方法では，(3.40) 式からも分かるように，中間の測定値が利用されていない．全ての測定値を利用して周期の最良推定値を求める方法の１つとして加重平均法が使われる．

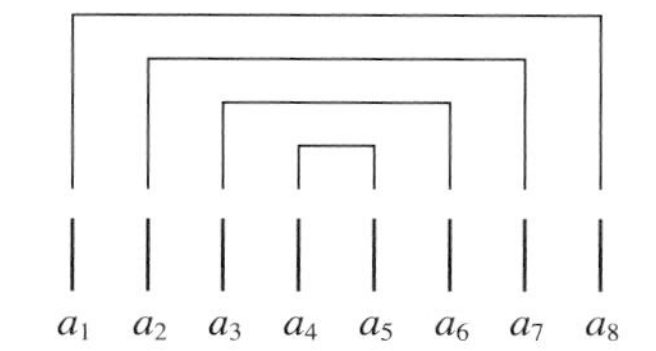

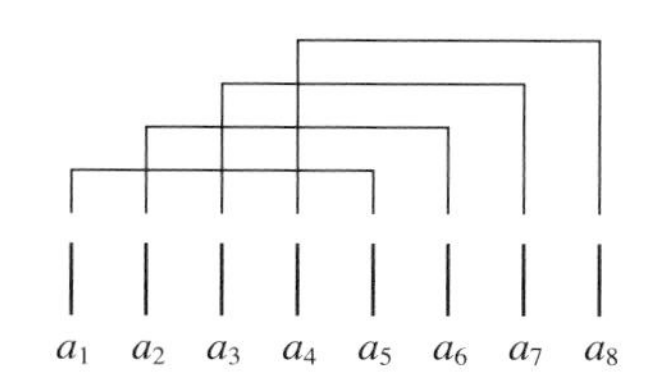

図 3.6　(a) ある組み合わせでの加重平均法と (b) 等間隔平均法の概念図

図 3.6(a) のように，測定値が a_1 から a_8 まで偶数個（この場合は 8 個）あるものとして，$a_8 - a_1$ をとればその間に 7 間隔を含むから，これを 7 で割ると 1 間隔の平均値，すなわち周期 T が得られる．しかも各測定値の不確かさが同じ場合，1 間隔あたりの不確かさはその間に多数の間隔を含むものほど小さい．従って，$a_8 - a_1$ は $a_5 - a_4$ の 7 倍の価値があり，$a_7 - a_2$ は 5 間隔を含むから $a_5 - a_4$ の 5 倍の価値がある．この場合，重みとして各区間の価値の 2 乗をとり，周期 T の最良推定値は，

$$\overline{T}_{\mathrm{a}} = \frac{7^2 \dfrac{a_8 - a_1}{7} + 5^2 \dfrac{a_7 - a_2}{5} + 3^2 \dfrac{a_6 - a_3}{3} + 1^2 \dfrac{a_5 - a_4}{1}}{7^2 + 5^2 + 3^2 + 1^2} \tag{3.41}$$

によって与えられる．

同じような場合に用いられる別の方法に**等間隔平均法**がある．図 3.6(b) に示すように，$a_5 - a_1, a_6 - a_2$ などはいずれもこの間に 4 間隔を含む．加えて 4 で割れば 4 間隔の平均となり，さらに 4 で割れば周期 T の最良推定値は，

$$\overline{T}_{\mathrm{b}} = \frac{\dfrac{a_5 - a_1}{4} + \dfrac{a_6 - a_2}{4} + \dfrac{a_7 - a_3}{4} + \dfrac{a_8 - a_4}{4}}{4} \tag{3.42}$$

によって与えられる．いずれの方法をとるべきかはその場合によって異なる[1]．

周期的に繰り返される量の間隔の測定においては，加重平均法あるいは等間隔平均法を用いれば，測定器具の分解能による不確かさなど各測定値の不確かさよりも周期などの 1 間隔の不確かさを小さくすることができる．図 3.6 の各測定値 $a_1, \cdots, a_8$ の各測定値の不確かさが $\delta a_1, \cdots, \delta a_8$ とすれば，加重平均法による周期の不確かさ δT は，$T = f(a_1, \ldots, a_8)$ とみなして不確かさの伝播法則 (3.24) 式から，

$$\delta T_{\mathrm{a}} = \frac{\sqrt{7^2 \left\{(\delta a_1)^2 + (\delta a_8)^2\right\} + 5^2 \left\{(\delta a_2)^2 + (\delta a_7)^2\right\} + 3^2 \left\{(\delta a_3)^2 + (\delta a_6)^2\right\} + 1^2 \left\{(\delta a_4)^2 + (\delta a_5)^2\right\}}}{7^2 + 5^2 + 3^2 + 1^2} \tag{3.43}$$

で与えられる．ここで，各測定値の不確かさ $\delta a_1, \cdots, \delta a_8$ が全て同じ不確かさ δa_0 であったとすれば，

$$\delta T_{\mathrm{a}} = \frac{\sqrt{2(7^2 + 5^2 + 3^2 + 1)}}{7^2 + 5^2 + 3^2 + 1^2} \delta a_0 = 0.15\, \delta a_0 \tag{3.44}$$

となり，分解能による不確かさなどで各測定値の不確かさに限界があったとしても，8 点で加重平均法を利用した周期の不確かさは各測定値の不確かさの約 0.15 倍にできる．

同様に，等間隔平均法の場合は，

$$\delta T_{\mathrm{b}} = \frac{\sqrt{(\delta a_1)^2 + (\delta a_2)^2 + (\delta a_3)^2 + (\delta a_4)^2 + (\delta a_5)^2 + (\delta a_6)^2 + (\delta a_7)^2 + (\delta a_8)^2}}{4 \times 4} \tag{3.45}$$

であり，加重平均法の場合と同じように，ここで，各測定値の不確かさ $\delta a_1, \cdots, \delta a_8$ が，全て同じ不確かさ δa_0 であったとすれば，

$$\delta T_{\mathrm{b}} = \frac{\sqrt{8}\delta a_0}{4 \times 4} = 0.17\, \delta a_0 \tag{3.46}$$

となり，8 点で等間隔平均法を利用した不確かさは各測定値の不確かさの約 0.17 倍にできる[2]．

---

[1] 等間隔平均法も，特定の組み合わせでの加重平均法であるが，計算の途中で測定値の平均値やその不確かさを求められるので，教育的には良い．

[2] 間隔が一定の場合には全ての組み合わせで加重平均を取った方法の結果と次節で説明する最小 2 乗法の結果とは一致し，最小 2 乗法によって得られる不確かさが最も小さい．

3.5　最小 2 乗法

3.5.1　最小 2 乗法

ある物理量 X と別の物理量 Y とを測定して，その測定値の組 (x_i, y_i) をグラフにプロットする．これらのデータ全体が 1 つの曲線に沿うように見えるとき，その曲線（実験式）を決定することを考える．このように，実験データから統計的に最も確からしい曲線を求める方法を**回帰法**と呼び，得られた曲線を**回帰曲線**という．

例えば，図 3.7 のように， X と Y との間に切片 a_0 と傾き a_1 の未定係数を用いて，

$$Y = f_{\mathrm{L}}(X) = a_0 + a_1 X \tag{3.47}$$

となる一次関数の関係があることが推定できるとき，X を少しずつ変化させて Y を測定したとする．このような測定を n 回行い，得られた n 組の測定値 $(x_i, y_i)\,(i = 1, 2, \cdots, n)$ から係数 a_0 と a_1 を求める方法を考えよう．ここで，y_i の不確かさは全て等しいとする．統計的に最も確からしい直線は，(3.47) 式の X, Y に測定値 x_i, y_i を代入したときの y_i と $f_{\mathrm{L}}(x_i)$ の差（残差）を v_i とおくと，残差の 2 乗和，

$$S = \sum {v_i}^2 = \sum \{y_i - f_{\mathrm{L}}(x_i)\}^2 = \sum (y_i - a_0 - a_1 x_i)^2 \tag{3.48}$$

が最小になっているはずである[1]．従って，未定係数 a_0 と a_1 の最良推定値は S を最小にする条件，

$$\begin{cases} \dfrac{\partial S}{\partial a_0} = 0 \\ \dfrac{\partial S}{\partial a_1} = 0 \end{cases} \tag{3.49}$$

から求めることができる．(3.49) 式を解くことにより未定係数 a_0 と a_1 を求める方法を一次関数の**最小 2 乗法**という．また，(3.49) 式を一次関数の**正規方程式**という．

この場合，

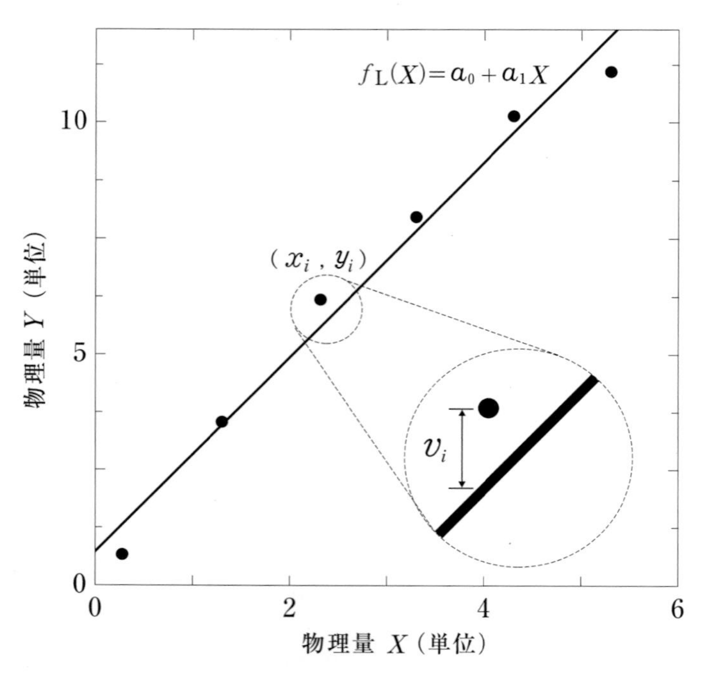

図 **3.7**　最小 2 乗法の概念図

[1] $\sum_{i=1}^{n}$ は $\sum$ と省略している．

$$\frac{\partial S}{\partial a_0} = \frac{\partial}{\partial a_0}\left(\sum {v_i}^2\right) = 2\sum v_i \frac{\partial v_i}{\partial a_0}$$
$$= 2\sum (y_i - a_0 - a_1 x_i)(-1)$$
$$= 2\left(a_0 \sum 1 + a_1 \sum x_i - \sum y_i\right) = 0 \tag{3.50}$$

などであるから，正規方程式は，

$$\begin{cases} a_0 \sum 1 + a_1 \sum x_i &= \sum y_i \\ a_0 \sum x_i + a_1 \sum x_i^2 &= \sum x_i y_i \end{cases} \tag{3.51}$$

となる．このとき，$\sum x_i^2 = \sum (x_i)^2 \neq (\sum x_i)^2$，$\sum x_i y_i = \sum (x_i y_i)$ であることに注意する．この連立方程式は直接代入法でも解けるが，行列とベクトルを用いて，

$$\begin{pmatrix} \sum 1 & \sum x_i \\ \sum x_i & \sum x_i^2 \end{pmatrix} \begin{pmatrix} a_0 \\ a_1 \end{pmatrix} = \begin{pmatrix} \sum y_i \\ \sum x_i y_i \end{pmatrix} \tag{3.52}$$

を解く方が $f_{\mathrm{L}}(x)$ を二次以上の関数に拡張しやすい．これを逆行列を用いて解くと，

$$\begin{pmatrix} a_0 \\ a_1 \end{pmatrix} = \begin{pmatrix} \sum 1 & \sum x_i \\ \sum x_i & \sum {x_i}^2 \end{pmatrix}^{-1} \begin{pmatrix} \sum y_i \\ \sum x_i y_i \end{pmatrix} = \frac{1}{D} \begin{pmatrix} \sum {x_i}^2 & -\sum x_i \\ -\sum x_i & \sum 1 \end{pmatrix} \begin{pmatrix} \sum y_i \\ \sum x_i y_i \end{pmatrix} \tag{3.53}$$

となる．ここで，D は行列式，

$$D = \begin{vmatrix} \sum 1 & \sum x_i \\ \sum x_i & \sum {x_i}^2 \end{vmatrix} = \sum 1 \sum {x_i}^2 - \left(\sum x_i\right)^2 \tag{3.54}$$

である．従って，切片 a_0 と傾き a_1 は，

$$a_0 = \frac{\sum y_i \sum {x_i}^2 - \sum x_i \sum x_i y_i}{\sum 1 \sum {x_i}^2 - (\sum x_i)^2} \tag{3.55}$$

$$a_1 = \frac{\sum 1 \sum x_i y_i - \sum y_i \sum x_i}{\sum 1 \sum {x_i}^2 - (\sum x_i)^2} \tag{3.56}$$

と求めることができる．最小 2 乗法を用いると，求めた未定係数の不確かさも推定することができる．(3.55)式と (3.56) 式を見ると，a_0 と a_1 の最良推定値はそれぞれ $y_i\,(i = 1, 2, \cdots, n)$ の一次式で表されていることが分かる．従って，a_0 と a_1 の不確かさをそれぞれ $\delta a_0, \delta a_1$ とすると，不確かさの伝播法則より，

$$(\delta a_0)^2 = \sum \left(\frac{\partial a_0}{\partial y_i}\right)^2 (\delta Y)^2 = \sum \left(\frac{\sum {x_i}^2 - x_i \sum x_i}{\sum 1 \sum {x_i}^2 - (\sum x_i)^2}\right)^2 (\delta Y)^2 \tag{3.57}$$

$$(\delta a_1)^2 = \sum \left(\frac{\partial a_1}{\partial y_i}\right)^2 (\delta Y)^2 = \sum \left(1 \frac{x_i \sum 1 - \sum x_i}{\sum 1 \sum {x_i}^2 - (\sum x_i)^2}\right)^2 (\delta Y)^2 \tag{3.58}$$

と推定できる．ここで，δY は y_i の不確かさの平均を表し，(3.48) 式の残差の 2 乗和を用いて，

$$\delta Y = \sqrt{\frac{\sum {v_i}^2}{n-2}} = \sqrt{\frac{\sum \{y_i - f_{\mathrm{L}}(x_i)\}^2}{n-2}} \tag{3.59}$$

で与えられる．ここで，$n-1$ でなく $n-2$ となっているのは，求める未定係数の数（この場合 2 個）と同じ回数だけ測定してはじめて未定係数が決まることを意味している．さて，(3.57) 式の最右辺の分子の一部が，

$$\begin{aligned} \sum \left(1 \sum {x_i}^2 - x_i \sum x_i\right)^2 &= \sum \left\{1 \left(\sum x_i^2\right)^2 - 2x_i \sum x_i^2 \sum x_i + x_i^2 \left(\sum x_i\right)^2\right\} \\ &= \sum x_i^2 \left\{\sum 1 \sum x_i^2 - 2 \sum x_i \sum x_i + \left(\sum x_i\right)^2\right\} \\ &= \sum x_i^2 \left\{\sum 1 \sum x_i^2 - \left(\sum x_i\right)^2\right\} \end{aligned} \tag{3.60}$$

となることなどを利用して，結果として，切片 a_0 と傾き a_1 の不確かさは，

$$\delta a_0 = \sqrt{\frac{\sum {x_i}^2}{\sum 1 \sum {x_i}^2 - (\sum x_i)^2}} \sqrt{\frac{\sum (y_i - a_0 - a_1 x_i)^2}{n-2}} \tag{3.61}$$

$$\delta a_1 = \sqrt{\frac{\sum 1}{\sum 1 \sum {x_i}^2 - (\sum x_i)^2}} \sqrt{\frac{\sum (y_i - a_0 - a_1 x_i)^2}{n-2}} \tag{3.62}$$

と求まる．

3.5.2 最小2乗法の例

「4.14節 電子の比電荷の測定」を例として，具体的な計算を示す．磁束密度の大きさが B の一様な磁場に垂直に加速電圧 V で電子を入射すると，電子は直径 D の円軌道を描く．このとき，電子の比電荷を e/m とすると，

$$D^2 = \frac{8}{B^2(e/m)} V \tag{3.63}$$

の関係が成り立つ．一様な磁束密度 B はヘルムホルツコイルを用いて作り，コイルに流す電流を I とするとこの装置では，

$$B = (7.793 \times 10^{-4}\,\mathrm{T/A}) I \tag{3.64}$$

で与えられる．従って，コイルに流す電流 I を一定として，加速電圧 V を変化させながら電子の軌道直径 D を測定すれば，(3.63)，(3.64) 式から電子の比電荷 e/m を求めることができる．

表 3.4 電子の比電荷の測定のデータ整理例（$I = 1.40\,\mathrm{A}$）

番号 i	加速電圧 $x_i(=V_i)$ (V)	軌道直径 D_i ($\times 10^{-3}$m)	$y_i(={D_i}^2)$ ($\times 10^{-3}\mathrm{m}^2$)	${x_i}^2(={V_i}^2)$ ($\times 10^4\mathrm{V}^2$)	$x_i y_i$ ($\times 10^{-1}\mathrm{Vm}^2$)	残差 $y_i - a_0 - a_1 x_i$ ($\times 10^{-5}\mathrm{m}^2$)	残差の2乗 $(y_i - a_0 - a_1 x_i)^2$ ($\times 10^{-10}\mathrm{m}^4$)
1	100	57.0	3.249	1.00	3.249	10.4	109
2	110	59.6	3.552	1.21	3.907	3.7	14
3	120	62.0	3.844	1.44	4.613	−4.2	18
4	130	64.4	4.147	1.69	5.391	−10.9	120
5	140	68.0	4.624	1.96	6.474	−0.3	0
6	150	70.6	4.984	2.25	7.476	−1.4	2
7	160	73.0	5.329	2.56	8.526	−3.8	16
8	170	76.0	5.776	2.89	9.819	3.7	13
9	180	78.0	6.084	3.24	10.95	−2.6	7
10	190	80.0	6.400	3.61	12.16	−8.1	65
11	200	83.6	6.989	4.00	13.98	13.8	189
和	$\sum x_i =$ 1650V		$\sum y_i =$ $54.978 \times 10^{-3}\mathrm{m}^2$	$\sum {x_i}^2 =$ $25.85 \times 10^4\mathrm{V}^2$	$\sum x_i y_i =$ $86.545 \times 10^{-1}\mathrm{Vm}^2$		$\delta Y =$ $5.53 \times 10^{-8}\mathrm{m}^4$

いま，加速電圧と軌道直径の測定値の組 (V_i, D_i) として，コイルに流す電流を $I = 1.40\,\mathrm{A}$ としたとき，表3.4のような値が得られたとする．$y_i = {D_i}^2, x_i = V_i$ とおき，(3.63) 式を，

$$y_i = a_0 + a_1 x_i \tag{3.65}$$

と書き換え，測定データから最小2乗法で a_0 と a_1 を推定する [1]．式 (3.65) より，a_0 と a_1 はそれぞれ，

$$a_0 = 0 \tag{3.66}$$

$$a_1 = \frac{8}{B^2(e/m)} \tag{3.67}$$

[1] 理論的には，(3.65) 式ではなく，$y_i = a_1 x_i$ とすべきであるが，表3.4の実験データからは，原点 $(x_i, y_i) = (0, 0)$ を通るという確証がない（実験で確認していない）ので，(3.65) 式でデータを表すことにした．なお，a_0 の値が0でない場合は，その理由も考えて考察するする必要がある．

B. 力の分解と等加速度直線運動

(1) 滑走台を角度 θ 傾ける．

(2) 図 4.1.1 に示すように，質量が m の滑走体に作用する重力の大きさは $F_g = mg$ で，角度 θ 傾けた滑走台の斜面に平行な方向（x 軸）に分解される重力は $F_{gx} = mg\sin\theta$，斜面に垂直な方向（y 軸）に分解される重力は $F_{gy} = mg\cos\theta$ となるので，それぞれ計算する．

(3) 斜面に平行な方向に分解される重力 F_{gx} から加速度 a_x を計算する．一方，斜面に垂直な方向に分解される重力 F_{gy} によって得られる加速度は $a_y = 0$ である．これは F_{gy} と同じ大きさで反対向きの垂直抗力が，滑走台から滑走体に働いているからである．

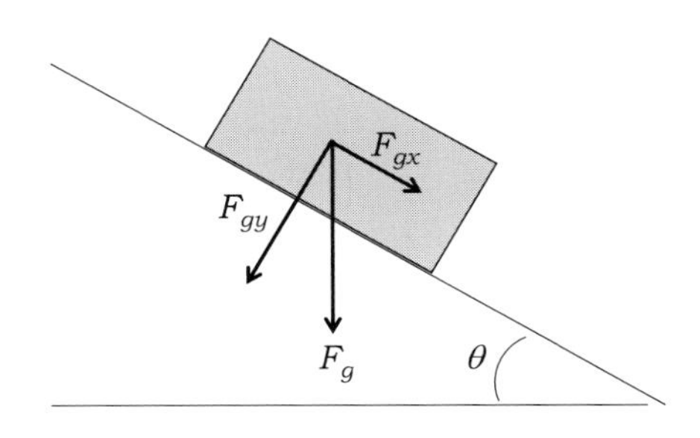

図 **4.1.1**　力の分解

(4) 角度 θ 傾けた滑走台に滑走体を載せ，滑走体の 0.40 m ごとの通過時刻 t を測定する．

(5) 位置 x の 2 乗根 $\sqrt{x}$ と通過時刻の平均 $\bar{t}$ のグラフを作成する．今回の実験は初速度 $v_0 = 0$，$t = 0$ のときの位置 $x_0 = 0$ として行う．

このとき (4.1.3) 式は，

$$x = \frac{1}{2}at^2 \tag{4.1.5}$$

である．両辺の 2 乗根をとると，

$$\sqrt{x} = \sqrt{\frac{1}{2}a}\,t \tag{4.1.6}$$

となるので，グラフの傾きは $k = \sqrt{a/2}$ となる．そこで，実験値をプロットしたグラフの傾き k から加速度の大きさ a を求め，さらに，重力加速度の大きさ g を求める．求め方は次の通りである．

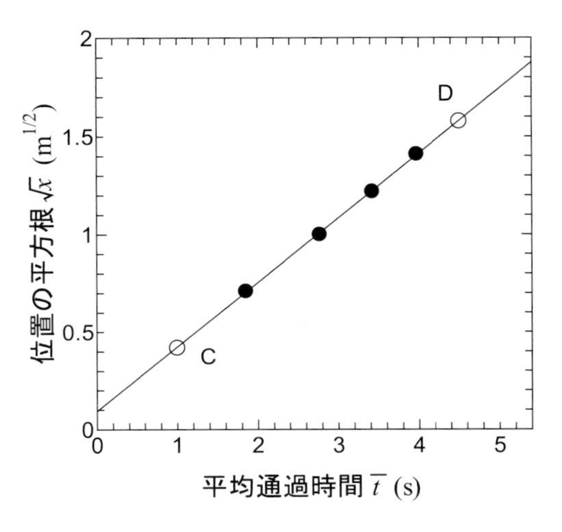

図 **4.1.2**　$\sqrt{x}$ と $\bar{t}$ の関係

図 4.1.2 の場合，直線上の 2 点の座標を C(1.00, 0.47)，D(4.60, 1.52) と読み取って直線の傾きを求めると $k = 0.292\,\mathrm{m}^{1/2}/\mathrm{s}$ であるので，加速度の大きさは，

$$a = 2k^2 = 0.171\,\mathrm{m/s^2}$$

となる．また滑走体の質量が $m = 0.070\,\mathrm{kg}$ であるとすると，滑走体に作用した力の大きさ F_{gx} は，ニュートンの第 2 法則 $F_{gx} = ma$ を用いて，

$$F_{gx} = ma = 0.070\,\mathrm{kg} \times 0.171\,\mathrm{m/s^2} = 0.012\,\mathrm{N}$$

となる．滑走台の傾斜角度 θ が $\theta = 1.0^\circ$ であるとすると，重力加速度の大きさは，

$$g = \frac{a}{\sin 1.0^\circ} = \frac{0.171\,\mathrm{m/s^2}}{0.017} = 10\,\mathrm{m/s^2}$$

と求められる．

4.1.5　課　題

(1) 滑走体の速度 v と加速度 a は，微分を使って，

$$v = \frac{dx}{dt} \tag{4.1.7}$$

$$a = \frac{dv}{dt} = \frac{d^2x}{dt^2} \tag{4.1.8}$$

で表せる．滑走体の位置の時間変化を収録するデータロガーを用いて，等速直線運動する滑走体の位置と時間の関係を求める．その結果を微分したグラフを検討せよ．

(2) 同様に，等加速度直線運動する滑走体の位置と時間の関係を求める．その結果を微分したグラフを検討せよ．

(3) 等加速度運動の測定結果の解析から得られた重力加速度の大きさ g が，文献等に記載されている値 g_{lit} と，どの程度一致しているかを調べよ．

4.1.6　実験結果のまとめ方

等速直線運動をする滑走体の観測

位置 x (m)	0.40	0.60	1.20	1.60
時刻 t (s)				
平均 $\bar{t}$ (s)				

等速加速度運動をする滑走体の観測

位置 x (m)	0.40	0.60	1.20	1.60
$\sqrt{x}$ (m$^{1/2}$)	0.63	0.89	1.10	1.26
時刻 t (s)				
平均 $\bar{t}$ (s)				

4.1.7 APPENDIX

A. 速　度

位置は物体が空間中のどこにあるのかを表す物理量である．また，物体の位置が時間変化している（つまり，物体が運動している）とき，位置の変化を変位と呼び，単位時間当たりの変位を速度 $v\,[\mathrm{m/s}]$ と呼ぶ．滑走台上に x 軸を取り，そこを滑走体が運動している．もし，物体の位置が一定の割合で変化し続けるなら，その速度 v_x は，

$$v_x = \frac{\text{位置の変化 (変位)}}{\text{経過時間}} \tag{4.1.9}$$

となる．ここで速度を表す変数として速度 velocity の頭文字 v を使って，v とし，添え字の x は x 成分を表す[1]．位置が一定の時間変化を続ける場合，速度はどのような経過時間を考えても一定値となる．しかし，滑走体の速度が刻一刻と変化する場合は，より短い時間間隔で速度を決める必要がある．(4.1.9) 式の意味をそのままにして速度を決めるには，短い時間間隔 $\Delta t\,[\mathrm{s}]$ での変位 $\Delta x\,[\mathrm{m}]$ をその Δt で割ればよい．

$$\overline{v}_x = \frac{\Delta x}{\Delta t} \tag{4.1.10}$$

この量を，平均の速度という[2]．少し具体的に考えてみる．例えば，次の表 4.1.1 のように時刻 t_1 に位置 x_1 にあった物体が，時刻 t_2 に位置 x_x へ位置が変化（**変位**）したとする[3]．

表 4.1.1　直線上を運動する物体の位置と時間

時刻	位置	時間変化	変位	平均速度	速度
t_1	$x_1 = x(t_1)$				
		$t_2 - t_1$	$x_2 - x_1$	$\dfrac{x_2 - x_1}{t_2 - t_1}$	$\dfrac{dx}{dt}$
t_2	$x_2 = x(t_2)$				($t_2 \to t_1$ の極限)

このとき，平均の速度は (4.1.10) 式で分母は $\Delta t = t_2 - t_1$ であり，分子は $\Delta x = x_2 - x_1$ であるので，

$$\overline{v}_x = \frac{\Delta x}{\Delta t} = \frac{x_2 - x_1}{t_2 - t_1} \tag{4.1.11}$$

で表される．さらに，時間の間隔 $\Delta t = t_2 – t_1$ を非常に小さく，数学的には無限小に，つまり 2 回目の測定時刻 t_2 を 1 回目の測定時刻 t_1 の直後に近付ける $t_1 \to t_2$ の極限を考える[4]．このとき (4.1.11) 式の分子と分母はともに小さくなるが，それらの比は一定の値に近付く．この操作を**微分**といい，その一定となる比の値，

$$v_x\,[\mathrm{m/s}] = \lim_{\Delta t \to 0} \frac{\Delta x}{\Delta t} = \frac{dx}{dt} \tag{4.1.12}$$

を 物体の（瞬間の）速度という．

---

[1] 物理量の表記は，斜字体（イタリック体）を利用する．t, x, v など．一方，単位の表記には，立体（ローマン体）で表記することに注意せよ．[s], [m], [m/s] など．単位は，文字式の後の表記は [ ] 内に，数値の後は [ ] は付けずに表記する．例えば，L[m], T[s], v [m/s], 4.1 m, 2.3 s, 5.2 m/s など．

[2] 平均の速度は，$^{-}$ を付けて，$\overline{v}$ と表すこととする．

[3] ここで，x_1 とは，時刻 t_1 での物体の位置である．物体の位置 x は一般に時間 t と共に変化していく．これを物体の位置 x は時間 t の関数であると捉えて，$x(t)$ と表す．従って，x_1, x_2 は $x(t_1)$，$x(t_2)$ と表してもよい．

[4] この極限では Δt が小さくなるとともに，Δx も小さくなっていくことに注意せよ．

B. 加速度

物体の速度が時間変化しているとき，単位時間当たりの速度の変化を加速度 a_x [m/s^2] と呼ぶ．滑走台上を運動している滑走体の速度が一定の変化を続けるなら，その加速度 a_x は，

$$a_x = \frac{\text{速度の変化}}{\text{経過時間}} \tag{4.1.13}$$

となる．ここで加速度を表す変数として加速度 acceleration の頭文字 a を使って，a とする．ここでも滑走体の加速度が刻一刻と変化する場合には，短い時間間隔 Δt [s] での速度の変化 Δv [m/s] をその時間間隔 Δt で割れば良い．

$$\bar{a}_x = \frac{\Delta v}{\Delta t} \tag{4.1.14}$$

この量を，平均の加速度という．実際に実験では，2 つの異なる時刻 t_1 と t_2 の間隔 $\Delta t = t_2 - t_1$ に，速度が v_{x_1} から v_{x_2} に変化するときの速度変化を $\Delta v_x = v_{x_2} - v_{x_1}$ として，平均の加速度を，

$$\overline{a}_x = \frac{v_{x_2} - v_{x_1}}{t_2 - t_1} = \frac{\Delta v_x}{\Delta t} \tag{4.1.15}$$

と定義する．ここで，（速度の場合に考えたように，再び微分の考えを使うと）時間間隔 $\Delta t = t_2 - t_1$ を無限小にする極限を考えて，（瞬間の）加速度を速度の時間に関する 1 階微分（位置 x の時間に関する 2 階微分[1]）して，

$$a_x = \lim_{\Delta t \to 0} \frac{\Delta v_x}{\Delta t} = \frac{dv_x}{dt} = \frac{d^2 x}{dt^2} \tag{4.1.16}$$

で定義する．表 4.1.2 に速度と加速度のまとめを示した[2]．

表 4.1.2 直線上を運動する物体の位置と時間

時刻	位置	速度	平均加速度	加速度
t_1	$x_1 = x(t_1)$	$v_{x_1} = \left.\frac{dx(t)}{dt}\right\|_{t=t_1}$		
			$\frac{v_{x_2} - v_{x_1}}{t_2 - t_1}$	$\frac{dv_x}{dt}\left(= \frac{d^2x}{dt^2}\right)$
t_2	$x_2 = x(t_2)$	$v_{x_2} = \left.\frac{dx(t)}{dt}\right\|_{t=t_2}$		

1 $\frac{d}{dt}\left(\frac{dx}{dt}\right)$ を $\frac{d^2x}{dt^2}$ と表す．

2 注目する物体は直線上を運動するとは限らないので，一般の（x-y-z の 3 次元空間内の）運動の場合は，それぞれベクトルで $\vec{x} = (x, y, z)$, $\vec{v} = (v_x, v_y, v_z)$, $\vec{a} = (a_x, a_y, a_z)$，で表されることに注意せよ．

4.2　エアートラックを用いた速度・加速度の測定 2（運動の法則）

4.2.1　目　的

物体に加える力と，物体に生じる加速度が比例することを確認する．

4.2.2　原　理

物体に力を加えると，物体には加速度が生じる．このとき，物体に加えた力の大きさ F [N] と加速度の力の向きの成分 a [m/s^2] には次に関係が成り立つ．

$$F = ma \tag{4.2.1}$$

ここで，m [kg] は物体の質量を表す．この物体の運動が等加速度直線運動のとき，物体の速度 v [m/s] と時間 t [s] の間には，

$$v = v_0 + at \tag{4.2.2}$$

が成り立つ．ここで v_0 [m/s] は物体の初速度を示す．つまり，時間に対して変化する速度を表すグラフの傾きが加速度 a となり，(4.2.1) 式より，加速度と物体に加えた力は比例関係となる．また，物体に加えた力を一定にして，物体の質量を変えて加速度を測定していくと，加速度と質量は反比例の関係となる．

4.2.3　実験器具

滑走体，電子天秤，距離センサー，定力装置，力学滑走台

4.2.4　実験方法

(1) 滑走体におもりを載せ，全体の質量 m を測定する．

(2) 図 4.2.1 のように，定力装置のワイヤーを滑走体と距離センサーを滑走台に置く．

(3) 定力装置を用いて滑走体を一定の力の大きさで引き，滑走台上で運動させ，滑走体の位置を距離センサーで測定する．測定された位置と時間の関係のグラフを作成する．

(4) 位置と時間の関係を表すグラフの傾きからそれぞれの時間での滑走体の速さ v を求める．さらに，時間と速さの関係のグラフを作成し，その傾きから加速度 a を求める．

(5) 滑走体の質量を変えて，同様の測定を行い，質量と加速度の関係のグラフを作成する．

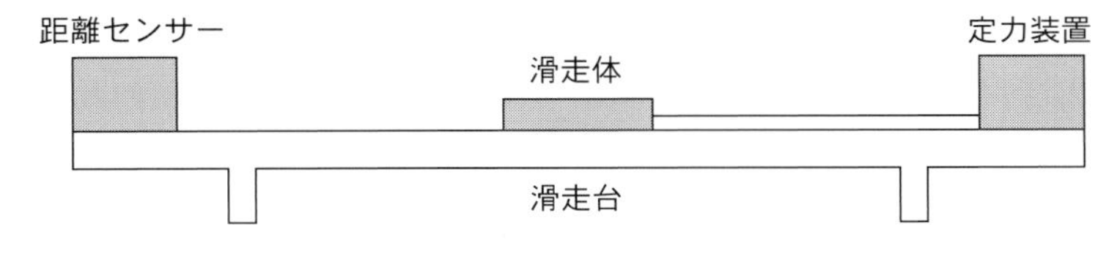

図 4.2.1　実験装置の配置図

4.2.5　課　題

(1) 滑走体の質量と加速度の関係を両対数グラフにプロットする．その傾きがおおよそ -1 になることを確認する．

4.2.6 実験結果のまとめ方

時刻 t と速度 v の関係

t (ms)	v (m/s)

質量 m と加速度 a の関係

m (g)	a (m/s^2)

4.2.7 APPENDIX

A. 運動の状態

どの力学的物理量が変化したとき「運動の状態」が変化したと捉え，その原因となる力が加わったと考えるべきだろうか？この問に答えるために，まず，力が働いていないということを定義し，その上で「力」を定義する．

ニュートンの運動の第一法則

物体に作用する力がなければ(働いているすべての力の和，合力がゼロならば)，その物体の速度は変化しない．

これは，**ニュートン** (Newton, Sir Isaac：1643-1727) **の運動の第一法則**（いわゆる**慣性の法則**）といわれる．ここで慣性とは，物体がその速度を保つ性質のことであり，**ガリレイ** (Galilei, Galileo：1564-1642) によってその基本的な考えが提案された[1]．すなわち，物体がとり得る様々な運動の形態のうちで，等速直線運動がもっとも基本的なものと考え，ニュートンはその仮説を運動の法則を定量的に表すための足掛かりとした．

エアートラック上で静止している滑走体を指で軽く押して運動させる状況を考える．指が触れる前まで静止していた滑走体の速度は，指が触れて滑走体に力が加わっている間はその速度が変化している．すなわち，指から滑走体に力が加わっているのである．また，指から離れて滑走体を滑り始めると（空気抵抗や滑走体とトラックの間の摩擦が無視できれば）滑走体に水平成分の力は働かない[2]．従って，滑走体の水平方向の速度成分に変化は生じない．

指から離れてエアートラック上を運動する物体は，時間とともに，位置 x が変化する．しかし，「速度 v が時間とともに変化しなければ，力は働いていない（もしくは，力が打ち消し合っている)」ということを主張するのが，ニュートンの運動の第一法則である．また，速度 v が時間とともに変化するときは，加速度 a がゼロではないことに注意せよ（(4.1.16) 式参照)．速度の変化を「運動の変化」と捉えると，このとき必ず加速度が生じることになる．

B. 質量と加速度の関係

同じ力を加えても，物体によって生じる速度変化，すなわち加速度は異なる．このことは，日常の中でもよく経験したり，目にしたりする事実である．スーパーで，品物を満載して質量が大きくなったカートは動かしにくいし，止めづらい．物体には慣性があるが，質量の大きなカートはそれだけ運動状態を変えにくいので「慣性が大きい」といえる．つまり，質量は慣性の大小を表していると考えてよい．

エアートラックに静止している，おもりを載せていない 100 g の滑走体と，20 g のおもりを載せた 120 g の滑走体にそれぞれ同じ力を加えたとき，2つの滑走体の加速度にはどのような関係があるだろうか？実験室で確かめることができるように，120 g の滑走体がもつ加速度の大きさは，100 g の滑走体のもつ加速度に比べて小さい．

同じ力を加えても生じる加速度が異なる理由は，このように運動する物体の質量の違いにある．4.1 の実験で確認したように，摩擦を（ある程度）無視できるエアートラック上の滑走体の運動の記録から加速度を求めることができた．ならば，予め定められた質量 1 kg を基準として，この 1 kg の物体に大きさ 1 m/s^2 の加速度を生じさせる力の大きさを **1 N (ニュートン)** と決めることができる．このとき，慣性の大きな（質量の大きな）物体ほど，同一

[1] ガリレイは実際に実験することなく，現象を理論に基づいて思考的に追及する思考実験により，物体に慣性という性質があることを提唱した．

[2] 力は互いに接触することで物体から物体に働く力と，重力や電磁気力のように，重力場や電場，磁場というような場から物体に働く力がある．この例では，水平方向に重力や電磁気力などの力の作用はないので，何も接触していない物体に力は作用しない．すなわち，指を離れた滑走体には水平方向の力は働いていない．

の力を加えたとき，運動が変化しにくい（生じる加速度が小さい）ので，

同じ力を加えて生じる加速度の大きさは，質量に反比例する

を認めれば，これをもとに（慣性）質量を決めることができる．例えば，摩擦や空気抵抗の無い状況下で，ある物体に大きさ 1 N の力を加えたところ，加速度が 2.0 m/s^2 となれば，その物体の質量は 0.5 kg と決めることができる．また，他のある物体に大きさ 1 N の力を加えたところ，加速度が 0.5 m/s^2 となれば，その物体の質量は 2 kg と決めることができる．

C. ニュートンの運動の第二法則

ニュートンの運動の第一法則で，力が作用していない場合の運動が示された．次に，力が作用した場合の法則を調べよう．これまで説明してきたように，力は，物体の運動を観測する（加速度を測定する）ことにより定義された．しかし，身近なばねやゴムひものような，**フックの法則**に従う**弾性体**の性質を利用すると，より直観的に理解できるであろう．ここでフックの法則とは，ばねやゴムひもの伸びが 2 倍，3 倍になれば，ばねやゴムひもの弾性体から及ぼされる力の大きさも 2 倍，3 倍になるという実験的，経験的な事実である．これを認めれば，比較的に簡単な実験によって次のことが分かる．すなわち，ニュートンの運動の第一法則で力が作用してない場合の運動をまず定義したうえで，

- **力 $\vec{F}$ の作用により速度 $\vec{v}$ が変化すること（加速度 $\vec{a}$ が生じること）**

  物体に取り付けたゴムを自然長から 2 倍，3 倍の長さに伸ばして物体を引く場合，その加速度が 2 倍，3 倍になる．

- **生じる加速度 $\vec{a}$ は質量 m に反比例すること**

  物体に取り付けたゴムを自然長から同じ長さだけ伸ばして物体を引く場合，物体の質量を 2 倍，3 倍とすれば，その加速度が 1/2 倍，1/3 倍になる．

を定量的な法則としてまとめることができる[1]．これを 1 つの式で表すと，$\vec{a} = \vec{F}/m$ となる．これらの関係を定量的な法則として，(4.2.3) 式のように書くことができる，この式は**ニュートンの運動の第二法則（運動方程式）**という．

ニュートンの運動の第二法則

物体に作用する力（複数の力が作用している場合はそれらの合力）$\vec{F}$ は，物体の質量 m と物体の加速度の積に等しい．

$$\vec{F} = m\vec{a} \tag{4.2.3}$$

D. 一定の大きさの力を物体に作用させる場合

エアートラック上の滑走体のように，エアートラックと滑走体の間の摩擦力が無視できるような状況で，滑走体に一定の大きさ F_0 の力を水平方向に加える場合を考える．このとき，他の力は水平方向に作用しないので，質量 m の滑走体に対する運動方程式（水平方向）は，

$$F_0 = ma_x \tag{4.2.4}$$

となる．従って，滑走体の加速度 a_x は，$a_x = F_0/m$（一定の値）となることが分かる．このとき，滑走体の位置や速度は，時間とともに，どのように変化するだろうか．物理の問題としては，時刻 $t = 0$ の初期位置 $x = x_0$ と初

[1] ここでは，より一般的に力と加速度をそれぞれ $\vec{F}$ と $\vec{a}$ とベクトルの表式で表した．ここまでの説明では，エアートラック上などのように，1 次元の運動であったので，x 成分だけに着目してきたが，一般の 3 次元空間 (x, y, z 空間) 内では，力や加速度はそれぞれ x, y, z 成分をもつベクトルとして表記されることが多い．すなわち，$\vec{F} = (F_x, F_y, F_z)$，$\vec{a} = (a_x, a_y, a_z)$ である．

速度 $v_x = v_0$ の初期条件が与えられれば，この問題を解く（任意の時間の滑走体の位置や速度を計算する）ことができる．

加速度は速度の時間微分であることから，

$$\frac{dv_x}{dt} = a_x \tag{4.2.5}$$

という滑走体の速度 v_x と加速度 $a_x = F_0/m$ の関係が，どんな時間でも（任意の時間に対して）成立している．上の (4.2.5) 式は，速度の微分（左辺）を含む方程式であり，一般に**微分方程式**という．この方程式を解くには，時間で微分したら一定の値 a_x になる速度 $v_x(t)$ を見つければよい．整数べきの関数 $f(x) = x^n$ を x で微分すれば，

$$\frac{df}{dx} = \frac{d}{dx}x^n = nx^{n-1}$$

である．また，$x^0 = 1$ であることから，(4.2.5) 式は，

$$v_x = a_x t + C \tag{4.2.6}$$

となることが分かる[1]．ここで，C は時間に依らない定数で，初期条件から決まる定数である．試しに，(4.2.6) 式を時間 t で微分してみれば，これが (4.2.5) 式の解となっていることが分かるだろう[2]．

この解 (4.2.6) 式は，任意の時間で正しく成立している必要がある．つまり，$t = 0$ で速度が v_0 を満たさなければならない[3]．これより，$v_x(0) = a_x \cdot 0 + C = v_0$ となる必要があるので，$C = v_0$ と決まる．最終的に，微分方程式（運動方程式）の解は，

$$v_x = a_x t + v_0 \tag{4.2.7}$$

と求めることができる[4]．同じように，速度 v_x は位置 x の時間微分なので，

$$\frac{dx}{dt} = a_x t + v_0 \tag{4.2.8}$$

という微分方程式を得る．

速度の場合と全く同じように，この式も解くことができる．初期条件 $t = 0$ で初期位置 $x(0) = x_0$ を使えば，

$$x(t) = \frac{1}{2}a_x t^2 + v_0 t + x_0 \tag{4.2.9}$$

と求められる．運動方程式の解 (4.2.7) 式，(4.2.9) 式から分かるように，等加速度運動の場合，位置 x は時間 t の 2 次関数，速度 v は時間の 1 次関数として変化することが分かる．

---

[1] この (4.2.6) 式は，より直接的に導出することができる．(4.2.5) 式のように，もっとも簡単な微分方程式は積分により解くことができる．(4.2.5) 式の両辺を（初期時刻 $t = 0$ から時刻 t まで）時間で積分することで，

$$\int_0^t \frac{dv_x}{dt} dt = \int_0^t a_x dt$$

となる．左辺は微分積分の定理から直ちに，$v_x(t) - v_0$ であり，右辺は $a_x t$ である．これより (4.2.6) 式を得る．

[2] 時間に依らない定数 C を時間 t で微分してもゼロである．すなわち $\dfrac{d}{dt}C = 0$．

[3] このような初期条件が課せられていた．見落としている場合は，本ページ冒頭の記述を確認せよ．

[4] 高校では，等加速度運動の「公式」として学習したのではないだろうか．これは，ニュートンの運動の法則を解くことによって導くことができる．

4.3　落下体の位置と速度の測定（エネルギー保存則）

4.3.1　目　的

運動する物体の力学的エネルギーが保存することを確認する．

4.3.2　原　理

質量 m [kg] の物体が速度 v [m/s] で運動しているとき，

$$K = \frac{1}{2}mv^2 \tag{4.3.1}$$

で計算される量を運動エネルギー K [J] という．一方，重力加速度の大きさを g [m/s^2] とすると，この物体には大きさ mg の重力が作用している．この物体の基準の位置からの高さを h [m] とするとき，

$$U = mgh \tag{4.3.2}$$

で計算される量を重力のポテンシャルエネルギー U [J] という．このとき，運動エネルギーと重力のポテンシャルエネルギーの和を力学的エネルギー E [J] といい，この力学的エネルギーは保存する．

4.3.3　実験器具

電子天秤，距離センサー，落下体

4.3.4　実験方法

(1) 落下させる物体の質量 m を測定する．

(2) 図 4.3.1 のように，距離センサーを設置する．距離センサーの真下の床に落下体を置き，落下体から距離センサーまでの高さ h_0 を測定する．

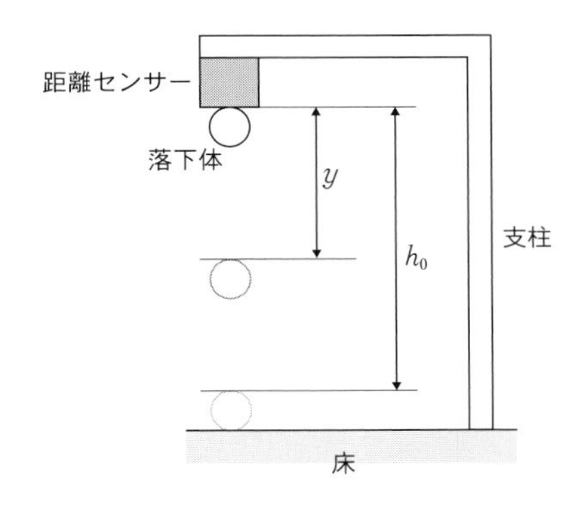

図 4.3.1　実験装置の配置図

(3) 落下体を距離センサー付近から落下させ，距離センサーから落下体までの距離 y を測定する．

(4) 落下体の基準の位置を床に置かれた落下体の頂点と考え，落下体の基準からの高さ h を $h = h_0 - y$ とし，高さと時間の関係のグラフを作成する．高さと時間の関係のグラフの傾きからそれぞれの時間での落下体の速さを求める．

(5) 横軸に物体の高さ，縦軸に運動エネルギー，重力のポテンシャルエネルギー，力学的エネルギーのグラフを作成する．

4.3.5 課　題

(1) 落下体の高さや速度と時間の関係のグラフ（あるいは両対数グラフ）を作成し，縦軸と横軸の物理量がどのような関係になっているかを確認する．

4.3.6 実験結果のまとめ方

落下体の落下からの時間と重力のポテンシャルエネルギー，運動エネルギー，力学的エネルギーの関係

t(s)	y(m)	$h_0 - y$(m)	U(J)	v(m/s)	K(J)	$K+U$(J)

4.3.7 APPENDIX

A. 仕　事

力 F_x を加えて物体を動かす，すわち物体の速度が変化しつつ物体の位置が Δx だけ変位したとき，力は（物体に）仕事をしたという．この定義に基づくと，（力が加わり変位が生じることで物体に与えられたエネルギーにあたる）仕事[1]は，物体に作用する力 F_x と物体の変位 Δx の両方に比例する．従って，もっとも単純な「仕事」に対する式は，

$$\Delta W = F_x \Delta x \tag{4.3.3}$$

となる[2]．なお，SI で仕事の単位は，(4.3.3) 式からも分かるように，N・m である．後に明らかになるように，仕事はエネルギーと同じ次元の物理量である．エネルギーの単位は J（読み方：ジュール）が広く用いられるので，仕事の単位も J で表す．

(4.3.3) 式で注目すべきこととして，右辺の注目する物体に加わった力と物体の変位の積は，左辺の物体へ移動したエネルギーと等しいことが読み取れることである．ただし，(4.3.3) 式は，物体が力を受けつつ Δx の変位をする間は，力 F_x が一定で変わらない場合に成立する．

例えば，図 4.3.2(a) のように，物体に作用する力 F_x が物体の変位とともに変化する場合には，それがほぼ一定とみなせるような小さな変位，例えば x_1 から $x_1 + \Delta x$ の変位で力 F_x がする仕事（図 4.3.2(a) の 1 番左の長方形の面積）は，

$$\Delta W_1 = F_x(x_1)\Delta x \qquad (x_1 \text{から } x + \Delta x \text{ までの仕事})$$

とできる．ここで，x_1 から $x_1+\Delta x$ までは力が一定とみなせるとしたので，$F_x(x_1) \approx F_x(x_1+\Delta x)$ である．そこで，この変位で物体に作用した力を $F_x(x_1)$ と書く．同様に $x_1+\Delta x$（これを，x_2 と表す．すなわち，$x_n = x_1+(n-1)\times\Delta x$ である[3]）から $x + 2\Delta x$ までは，その変位の間に作用した力を $F_x(x_2)$ で代表させて，

$$\Delta W_2 = F_x(x_2)\Delta x \qquad (x_1 + \Delta x \text{ から } x + 2\Delta x \text{ までの仕事})$$

1　仕事（Work）の頭文字を取って W と表そう．

2　ここでは，もっとも簡単な場合の一例として，物体に力を加える方向も，物体が動く方向も，ともに x 方向としている．より一般的には，力は大きさと向きをもつベクトル $\vec{F} = (F_x, F_y, F_z)$ として与えられ，変位もベクトル $\Delta\vec{r} = (\Delta x, \Delta y, \Delta z)$ で与えられる．この場合，仕事は，力と変位のベクトル同士の積（内積）になり，

$$W = \vec{F}\cdot\Delta\vec{r} = F_x\Delta x + F_y\Delta y + F_x\Delta z$$

で与えられる．

3　一般に定義する場合の数学記号は '≡' である．例えば，この例の場合は $x_n \equiv x_1 + (n-1)\Delta x$ と表す．

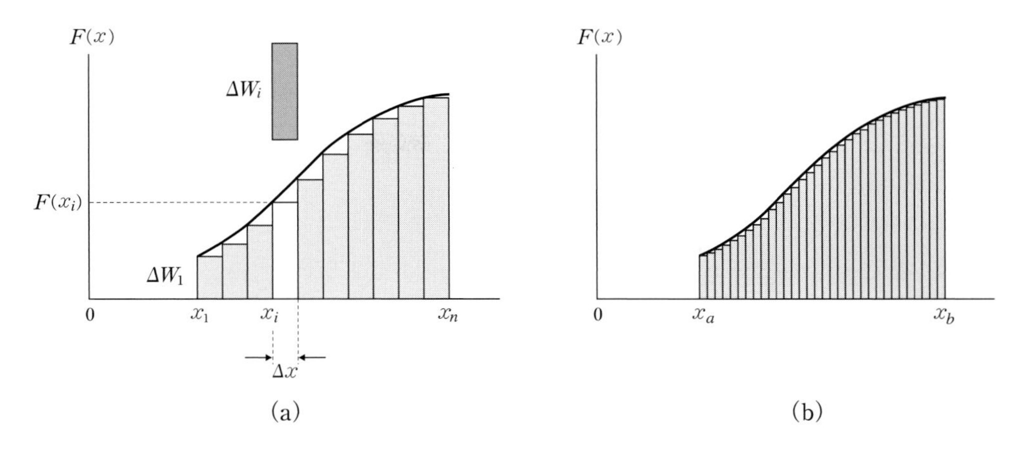

図 4.3.2　(4.3.4) 式から (4.3.5) 式にいたる概念図

(a) は，物体の位置の変化とともに，変化する力の様子を表している．区間を有限ないくつかの区間にわけ，変位に伴う仕事を，ΔW_i の和として近似している．各区間で物体に作用する力の大きさは，区間の左端の x_i で作用する力の大きさ $F(x_i)$ がその区間内では一定とみなしている．(b) は，Δx が (a) より小さな値の場合の様子．そして，この Δx を無限小とした極限が連続極限と呼ばれる．このとき，力が物体にする仕事 W は，曲線 $F(x)$ と $x = x_a$，$x = x_b$ および x 軸で囲まれる領域の面積と等しい．

となる．この式は，図 4.3.2(a) 中の左から 2 番目の長方形の面積である．これらの，小さな変位 Δx の仕事 ΔW_1, $\Delta W_2, \ldots$ を加えていくことで，最終的に求めたい運動の終状態の位置 $(x_1 + n\Delta x)$ までの変位に伴う仕事を求めることができ，

$$
\begin{aligned}
\Delta W_1 &= F_x(x_1)\Delta x \\
\Delta W_2 &= F_x(x_2)\Delta x \\
\Delta W_3 &= F_x(x_3)\Delta x \\
&\vdots \\
\Delta W_n &= F_x(x_n)\Delta x
\end{aligned}
$$

すなわち，

$$
W = \sum_{i=1}^{n} \Delta W_i = \sum_{i=1}^{n} F_x(x_i)\Delta x \tag{4.3.4}
$$

である．次に，微小な区間 Δx を図 4.3.2(b) のように小さくしていく．図から分かるように，Δx を小さくすると，次第に (4.3.4) 式の和は，徐々に曲線の下の部分の面積に近付いていく．そしてここで，この Δx を無限小とする極限を考える．無限小の変位は dx で表す $(\Delta x \to dx)$．このとき，1 つひとつの変位からの仕事への寄与も無限小になり（$\Delta W_n \to dW$），(4.3.4) 式の n は，無限大に近付いていくことに注意せよ．無限に小さな寄与 dW を無限に足し合わせる，この様な数学的な操作を積分と呼び，例えば，物体が力 F_x を受けつつ位置 x_a から x_b まで変位した場合，力がした仕事は，

$$
W = \int_{x_a}^{x_b} F_x(x)dx \tag{4.3.5}
$$

と表す．

一方，物体に作用する力と仕事の関係は変位を通してではなく，時間変化で表した方が都合の良い場合もある．そこで，(4.3.3) 式を次のように変形する[1]．

$$\Delta W = F_x \frac{\Delta x}{\Delta t} \Delta t = F_x \overline{v}_x \Delta t. \tag{4.3.6}$$

ここで $\overline{v}_x$ は平均の速度であり，時間間隔 Δt を（無限小の dt まで）小さくしていくと，平均の速度 $\overline{v}_x$ は（瞬間の）速度 v に近付くので (4.3.6) 式を $dW = F_x v_x dt$，または両辺 t で微分して，

$$P = \frac{dW}{dt} = F_x v_x. \tag{4.3.7}$$

と書くことができる．この (4.3.7) 式は，**仕事率**と呼ばれる物理量である[2]．仕事率の SI 単位は J/s であり，通常 W（読み方：ワット）で表す．

仕事が物体へ移動するエネルギーであると説明したが，この仕事率は単位時間（1 秒間）あたりに物体に作用する力を通して物体に移動するエネルギーという意味をもつ．例えば，時刻 $t = 0$ から時刻 t まで力を加え続けた場合，物体へ移動した全エネルギー，すなわち物体に力がした仕事 W は，(4.3.7) 式を積分することで求めることができる：

$$W = \int dW = \int_0^t F_x v_x dt. \tag{4.3.8}$$

この (4.3.8) 式は，x 軸方向の運動方程式 $F_x = m\dfrac{dv_x}{dt}$ を使うと[3]，

$$\int_0^t F_x v_x dt = m \int_0^t \frac{dv_x}{dt} v_x dt = m \int_0^t \frac{d}{dt} \left[\frac{1}{2} v_x^2 \right] dt$$

が得られる．この積分はすぐに実行できて，

$$m \int_0^t \frac{d}{dt} \left[\frac{1}{2} v_x^2 \right] dt = m \left[\frac{1}{2} v_x^2 \right]_{t=0}^{t} = \frac{1}{2} m v_x^2(t) - \frac{1}{2} m v_x^2(0)$$

となる．ここで，v_x は時刻 t での速度，v_{x_0} は時刻 $t = 0$ での速度を表している．これまでの結果をまとめると，

$$W = \frac{1}{2} m v_x^2(t) - \frac{1}{2} m v_x^2(0) \tag{4.3.9}$$

となることが分かる．この (4.3.9) 式に現れる $\dfrac{1}{2} m v_x^2(t)$ は，時刻 t における**運動エネルギー**と呼ばれる物理量で，$\dfrac{1}{2} m v_x^2(0)$ を同様に時刻 t=0 の運動エネルギーとみなすと，(4.3.9) 式の右辺は時刻 t=0 から時刻 t までの運動エネルギーの変化を表している．このように (4.3.9) 式は，力 F_x によってなされた仕事 W が物体に移動したエネルギー（運動エネルギーの変化）と等しいことを示している．この (4.3.9) 式は，**仕事と運動エネルギーの定理**と呼ばれる物理法則を表す式である．

B. 力学的エネルギーの保存

実際に具体的な力を考えて，これまでの仕事とエネルギーに関する考察をさらに進めよう．ここでは，我々の身の回りでもっとも身近な力の 1 つである重力を例にとって，力による仕事と運動エネルギーの変化を具体的に調べてみることにしよう．重力は，地球と質量 m の物体の間に働く万有引力を起因とする力で，地表付近における重力加速度の大きさ g とするとき[4]，大きさ mg の鉛直下向きの力である．

---

[1] この式変形は，$\dfrac{\Delta t}{\Delta t} = 1$ が掛けられているだけなので，（2 番目の）等式の成立に影響がないことに注意しよう．

[2] 仕事率は，英語表記 Power の頭文字をとり，P が用いられることが多い．

[3] この式の最後の等号は，[ ] の部分を実際に時間で微分してみれば成立することが確認できる．

[4] 標準重力加速度の大きさ (緯度 45°，海面) は，$g = 9.80665\,\mathrm{m/s^2}$ である．重力加速度は，地球の緯度だけではなく，局所的な地球内部の密度にも影響を受けるので，場所によってその大きさが異なることが知られている．例えば，羽田（東京大田区）の値は，$g = 9.79760\,\mathrm{m/s^2}$ である．

いま，x 軸を鉛直上向きにとり，地表を $x = 0$（原点）として座標を設定する[1]．重力による仕事だけを考えたいので，運動中の空気抵抗などは考えない．物体を高さ x_1 の位置から初速 v_{x_1} で鉛直方向に投げ出して[2]，ある点 x_2 まで運動したときに，重力が物体にした仕事を (4.3.5) 式を利用して求める．

この場合，(4.3.5) 式の F_x は，$-mg$ となる（鉛直上向きを変位の正の向きに取っていて重力の向きは鉛直下向きであることに注意せよ[3]）．このとき，物体がどのような運動をしても（位置 x に依らずに），重力は大きさも向きも変わらない[4]ので，(4.3.5) 式の $-mg$ は積分の「外」に出すことができて，積分は終点 x_2 と始点 x_1 だけで決まることが分かる．

$$W = -mg \int_{x_1}^{x_2} dx = -mg(x_2 - x_1). \tag{4.3.10}$$

一方，x_2 の位置における物体の速度を v_{x_2} と表すことにすると，仕事と運動エネルギーの定理 (4.3.9) 式より，

$$-mg(x_2 - x_1) = \frac{1}{2}mv_{x_2}^2 - \frac{1}{2}mv_{x_1}^2$$

を得る．この式を整理すると，

$$\frac{1}{2}mv_{x_1}^2 + mgx_1 = \frac{1}{2}mv_{x_2}^2 + mgx_2 \tag{4.3.11}$$

が成立することが分かる．この式は，任意の時間において[5]運動エネルギー[6]，

$$K = \frac{1}{2}mv_x^2 \tag{4.3.12}$$

と，基準の位置 $(x = 0)$ から鉛直方向への変位 x（すなわち，基準からの高さ）だけで決まる重力の位置エネルギー（**重力ポテンシャルエネルギー**）と呼ばれる量，

$$U(x) = mgx = -1 \times \left[-mg \int_0^x dx\right] \tag{4.3.13}$$

の和が一定に保たれることを意味している．

ここで，この重力ポテンシャルエネルギーは，質量 m の物体を $x = 0$ から高さ x まで変位させるときに，重力が物体にする仕事 W の符号を反転させた量 $(-W)$ となっていることに注意せよ[7]．

なぜ，ポテンシャルエネルギーにはマイナス符号が現れるのかを理解する為に，地表 $(x = 0)$ に静止している物体を，高さ $x = h$ まで持ち上げて静止させる場合を考える．このとき，物体には重力の他に，持ち上げるための外力を加えられているが，（$x = 0$ での「静止」した状態から，$x = h$ までの「静止」した状態までの変化なので）物体の運動エネルギーに変化はなく，仕事と運動エネルギーの定理から，重力と外力のする仕事の和はゼロとなることに注意せよ．従って，このとき物体に作用した外力（物体を持ち上げた力）がした仕事は，重力がする仕事に -1 を掛けた量に等しいことになる．**物体と地球の系**[8]には，この外力がした仕事が，位置エネルギーとして「蓄えられた」とみなすこともできる．これを，**重力ポテンシャルエネルギー**という．

一般に，運動エネルギーとポテンシャルエネルギー（位置エネルギー）の和は**力学的エネルギー**といい，重力や静電気力など**保存力**といわれる力のポテンシャルエネルギーと運動エネルギーの和は一定に保たれ，物体の運動を

---

[1] もちろん，鉛直上向きを z 軸として，これまでの数式で x としてきた部分を z と読み替えてもかまわない．

[2] 座標軸は鉛直上向きを正の向きに定義しているので $v_{x_0} > 0$ ならば，鉛直投げ上げ，$v_{x_0} < 0$ ならば，鉛直投げ下ろしとなる．

[3] 鉛直下向きを変位の正の向きに取る場合は dx は正，mg も正となるが，積分の上底と下底の大小関係が反転して結果的に (4.3.10) 式と同じ結果になることに注意しよう．従って，(4.3.10) 式は，x_1 と x_2 の大小関係に依らず，いつでも正しい結果を与えてくれる．

[4] もちろん，物体の質量 m が変わらなければ，である．

[5] x_2 は任意に（どんな値でも勝手に）決めた点であることを思い出そう．

[6] Kinetic energy（運動エネルギー）の頭文字を K をとって，運動エネルギーを文字式 K で表すことが多い．

[7] (4.3.10) 式で，$x_1 = 0$，$x_2 = x$ とした場合が，この場合の重力がする仕事．これに -1 を掛けた量が (4.3.13) 式である．

[8] 地球と物体のように，互いに力やエネルギーのやり取りし合うような 2 つ以上の物体（地球も物体！）を「系」という（例えば，地球－物体系）．ここでは，重力は地球と物体の間にはたらく力であり，重力ポテンシャルエネルギーは地球と物体の位置関係で決まる．重力ポテンシャルエネルギー，（重力の）位置エネルギーは，「物体」に蓄えられるというより，「物体と地球の系」に蓄えられると言った方が正確な表現である．

解析する際に重要な役割を果たすことが多い．より一般的な保存力 F に対して，その力のポテンシャルエネルギーは，位置 $x = x_0$ がポテンシャルエネルギーの基準 $U(x_0) = 0$ としてエネルギーは，

$$U(x) = -\Delta W = -\int_{x_0}^{x} F(x)dx \tag{4.3.14}$$

で定義される．

4.4　エアートラックを用いた速度・加速度の測定 3（運動量保存の法則）

4.4.1　目　的

運動する物体の運動量が保存することを確認する．

4.4.2　原　理

質量 m [kg] の物体が速度 $\vec{v}$ [m/s] で運動しているとき，

$$\vec{P} = m\vec{v} \tag{4.4.1}$$

で計算される量を運動量 $\vec{P}$ [kg・m/s] と呼ぶ．速度 $\vec{v}_{1\mathrm{i}}$ で運動する質量 m_1 の物体 1 と，速度が $\vec{v}_{2\mathrm{i}}$ で運動する質量 m_2 の物体 2 の 2 つからなる物体系を考える．物体 1 と 2 が衝突して，物体 1 の速度が $\vec{v}_{1_\mathrm{f}}$ に，物体 2 の速度が $\vec{v}_{2\mathrm{f}}$ に変化する．このとき，物体 1 の衝突前後での運動量を $\vec{P}_{1\mathrm{i}}$，$\vec{P}_{1\mathrm{f}}$，物体 2 の衝突前後での運動量を $\vec{P}_{2\mathrm{i}}$，$\vec{P}_{2\mathrm{f}}$ とすると，衝突前後の運動量は，

$$\vec{P}_{1\mathrm{i}} + \vec{P}_{2\mathrm{i}} = \vec{P}_{1\mathrm{f}} + \vec{P}_{2\mathrm{f}} \tag{4.4.2}$$

のように保存する．

4.4.3　実験器具

滑走体，電子天秤，光ゲートセンサー，力学滑走台

4.4.4　実験方法

(1) 滑走体 1 と 2 に光ゲートセンサーに応答する遮光板を取り付け，遮光板の長さ l_1，l_2 を測定する．

(2) 滑走体 1，2 におもりを載せ，全体の質量 m_1，m_2 を測定する．

(3) 図 4.4.1 のように，滑走体 1，2 を滑走台に置く．

(4) 滑走体 1 を図の右向きに，滑走体 2 を左向きに運動させ，衝突させる．このとき，滑走体 1，2 がそれぞれ光ゲートセンサー 1，2 を通過する時間を測定し，速度を求める．

(5) 衝突前後での滑走体 1，2 の運動量を計算する．

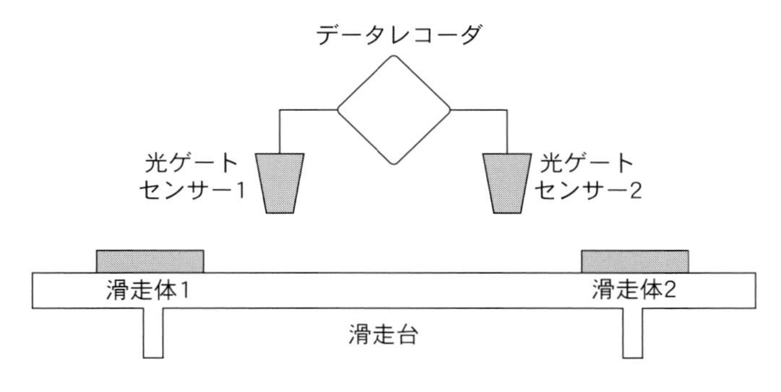

図 4.4.1　実験装置の配置図

4.4.5　課　題

(1) 衝突前後での正味の運動量を求め，運動量が保存していることを確認せよ．

4.4.6 実験結果のまとめ方

滑走体 1, 2 が光ゲートセンサーを通過した時刻（t は遮光板が光ゲートセンサーの光を遮り始めた時刻，t' は遮り終えた時刻）

	$t_{\rm i}$ (s)	$t'_{\rm i}$ (s)	$t_{\rm f}$ (s)	$t'_{\rm f}$ (s)
滑走体 1				
滑走体 2				

滑走体 1, 2 の質量，速度，運動量

	m (kg)	$v_{\rm i}$ (m/s)	$P_{\rm i}$ (kg・m/s)	$v_{\rm f}$ (m/s)	$P_{\rm f}$ (kg・m/s)
滑走体 1					
滑走体 2					

4.4.7 APPENDIX

A. 力学的エネルギーの保存

物体の運動の勢い（激しさ）を表す量の 1 つとして，「質量 × 速度」という量を考え，それを運動量と呼ぶ．さらに，着目しているいくつかの物体の集まり（**系**）を考えるとき[1]，その系の外部から作用する力（**外力**）がない場合は，系をなす物体の運動量の和は変化しない（運動量の保存）．これらのことを，簡単な実験で調べてみることにしよう．

まずは，粒子が 1 つだけの場合を考えてみよう．ニュートンの運動の第二法則として，4.2 節で力の作用と速度の変化に関係があることを学んだ．従って，注目している物体の質量[2]m と速度の積で定義される運動量[3]，

$$\vec{p} = m\vec{v} \tag{4.4.3}$$

は力が作用すると変化し，力が作用しなければ（もしくは，いくつかの力が作用していても，それらの合力がゼロであれば）変化しない．このことは，(4.4.3) 式を時間で微分することで，より明確になる．

$$\frac{d\vec{p}}{dt} = m\frac{d\vec{v}}{dt} = \vec{F} \tag{4.4.4}$$

(4.4.4) 式で現れる微分は，無限小の短い時間 dt に，運動量が（やはり無限小の大きさの変化である）$d\vec{p}$ だけ変化する場合の「比」であると考えてもよい．

ここで，運動量が変化する時間が無限小でなくても十分に短い時間，例えば，時刻 t から時刻 $t+\Delta t$ の間に作用する力が大きく変化しない場合は，その間の運動量の変化 $\Delta\vec{p} = \vec{p}(t+\Delta t) - \vec{p}(t)$ と Δt の比は，

$$\frac{\Delta\vec{p}}{\Delta t} = m\frac{\Delta\vec{v}}{\Delta t} = \vec{F}(t) \tag{4.4.5}$$

としてよい[4]．すると，(4.4.5) 式の両辺に Δt を掛けることで，

$$\Delta\vec{p} = \vec{F}(t)\Delta t \tag{4.4.6}$$

が得られる．しかし，力が例えば，時刻 $t = t_1$ から時刻 $t = t_2$ まで，時々刻々と変化していく場合はどうすればよいだろうか．この場合は，力がほぼ一定とみなせる十分に短い時間間隔 Δt を考えて，その間の運動量の変化を計算して足し合わせることで，t_1 から t_2 までの全運動量の変化を見積もれると考える[5]．すなわち，時刻 t_2 と t_1 の間を n 等分する $\Delta t = (t_2 - t_1)/n$ のとき[6]，

[1] それぞれの物体の大きさを無視できる質点と捉えるとき，これらの系を特に**質点系**ということがある．
[2] 質量の大きさは時間とともに変化しないと仮定する．
[3] 運動量は p という文字で表されることが多い．速度は，「大きさ」と「向き」をもつ量であるので，ベクトル $\vec{v}$ として表されたことを思い出そう．この速度に，大きさだけの量（スカラー）である質量 m を掛けた運動量も，ベクトル量になる．従って p の上部に上付きの $\vec{}$ を付けて $\vec{p}$ で表している．
[4] ここで，$\vec{F}$ は，時間が Δt の間でほぼ変化しないと考えたことに注意しよう．これは，$\vec{F}(t) = \vec{F}(t+\Delta t)$ が成立してるので (4.4.5) 式の右辺の $\vec{F}$ は，特に時刻 t での力 $\vec{F}(t)$ で表している．
[5] 時刻が $t = t_1$ から $t = t_1 + \Delta t$ の間，力は時刻 $t = t_1$ の瞬間の力 $F(t_1)$ の値を使っていることに注意しよう．他の時間も同様である．
[6] $t_2 = t_1 + n\Delta t$ である．

$$\Delta\vec{p}(t_1+\Delta t)=\vec{F}(t_1)\Delta t$$
$$\Delta\vec{p}(t_1+2\Delta t)=\vec{F}(t_1+\Delta t)\Delta t$$
$$\vdots$$
$$\Delta\vec{p}(t_1+n\Delta t)=\vec{F}(t_1+n\Delta t)\Delta t$$

の左辺と右辺のそれぞれの和を取ればよい．改めて時間の間隔 Δt を無限に小さくとる場合のこれらの式の和を，右辺と左辺をそれぞれ，運動量と力に関する時間積分とみなすことができ，次のように表される．

$$\int_{t_1}^{t_2} d\vec{p}=\int_{t_1}^{t_2}\vec{F}(x)dt \quad (\equiv\vec{J}). \tag{4.4.7}$$

この (4.4.7) 式の左辺は積分の計算を実行することができて，時刻 t_1 から t_2 の間の運動量の変化を表していることを示している（ここで，最後の $\equiv$ は，“定義する” を示す記号で，力積という（ベクトル量の）物理量を $\vec{J}$ で今後表すことを意味している）．

$$\int_{t_1}^{t_2} d\vec{p}=\vec{p}(t)|_{t_1}^{t_2}=\vec{p}(t_2)-\vec{p}(t_1). \tag{4.4.8}$$

また，右辺は，**力積**と呼ばれる物理量である．このように，物体に与えられた ((4.4.8) 式の左辺の) 力積 $\vec{J}$ は，((4.4.8) 式の右辺の）運動量の変化と等しい ことが分かる．

B. 質点系の運動量とその保存

ここでは，2 つ以上の物体からなる物体系を考える．例えば，2 つの物体の衝突現象などを考える際には，これらの 2 つの物体を 1 つの系として取り扱うとよい．もちろん，それぞれの物体（ここでは，質量 m_1 の物体 1 と質量 m_2 の物体 2）に対しては，(4.4.6) 式で学んだニュートンの運動の法則は成り立っている．従って，時刻 t と $t+\Delta t$ の間の時間 Δt に，物体 1 に力 $\vec{F}_1$ が作用し，物体 2 に力 $\vec{F}_2$ が作用すると，それぞれの運動量の変化は，

$$\Delta\vec{p}_1=\vec{F}_1(t)\Delta t,\quad \Delta\vec{p}_2=\vec{F}_2(t)\Delta t$$

である．ここで，衝突現象のような場合，力 $\vec{F}_1(t)$ と $\vec{F}_2(t)$ の間には，どのような関係があるだろうか．重要なことは，力 $\vec{F}_1(t)$ は物体 1 に作用する力であるが，これは物体 2 から及ぼされた力であるということである．同様に，$\vec{F}_2(t)$ は，物体 2 に作用する力で，これは物体 1 から及ぼされた力であるということである．この事実を意識して，改めて，

$$\Delta\vec{p}_1=\vec{F}_{12}(t)\Delta t \tag{4.4.9}$$
$$\Delta\vec{p}_2=\vec{F}_{21}(t)\Delta t \tag{4.4.10}$$

と表し直そう．すなわち，$\vec{F}_{12}$ は，物体 2 から物体 1 に作用した力を，$\vec{F}_{21}$ は，物体 1 から物体 2 に作用した力を意味している．また，このとき，$\vec{F}_{12}$ と $\vec{F}_{21}$ は互いに**作用・反作用の関係**にあるという．

$$\vec{F}_{12}(t)=-\vec{F}_{21}(t) \tag{4.4.11}$$

実際，このことは，運動に関する**ニュートンの運動の第三法則**（いわゆる**作用反作用の法則**）として，次のようにまとめられる．

ニュートンの運動の第三法則

2 つの物体が相互作用するとき（力を及ぼし合うとき），それぞれの物体が他方の物体に及ぼす力の大きさは等しく，力の向きは反対である．

従って，(4.4.9) 式と (4.4.10) の両辺をそれぞれ加えると，時刻 t に依らずに，

$$\Delta\vec{p}_1(t) - \Delta\vec{p}_2(t) = 0. \tag{4.4.12}$$

となる．任意の時刻 t で (4.4.12) 式が成り立つので，時間 Δt を無限小として考え，時刻 t_1 から t_2 まで，(4.4.7) 式を導いたときと同じように考えると，2 つの物体の系に対しては，

$$\int_{t_1}^{t_2} d\vec{p}_1 + \int_{t_1}^{t_2} d\vec{p}_2 = \int_{t_1}^{t_2} \left(\vec{F}_{12}(t) + \vec{F}_{21}(t)\right) = 0 \tag{4.4.13}$$

が得られる．左辺を積分して整理すると，

$$\vec{p}_1(t_2) + \vec{p}_2(t_2) = \vec{p}_1(t_1) + \vec{p}_2(t_1) \tag{4.4.14}$$

となることが分かる．これは，物体 1 の運動量と物体 2 の運動量の和は，時刻に関係なく一定に保たれることになる．このことを，2 つの物体の**運動量が保存する**という．

4.5　密度の測定

4.5.1　目　的

物質の密度の測定を通して，長さ，質量を測るための基本的な測定器具の取り扱い方，直接測定による測定の不確かさと間接測定の不確かさについて学ぶ．また測定した試料の密度から物質を同定する．

4.5.2　原　理

図 4.5.1 のように横の長さ l [m]，縦の長さ b [m]，厚さ d [m]，質量 m [kg] の直方体の密度 ρ [kg/m^3] は，(4.5.1) 式で定義される．

$$\rho = \frac{m}{bdl} \tag{4.5.1}$$

密度は物質固有の物性値であるので，密度を測定すればその物質を同定できる．

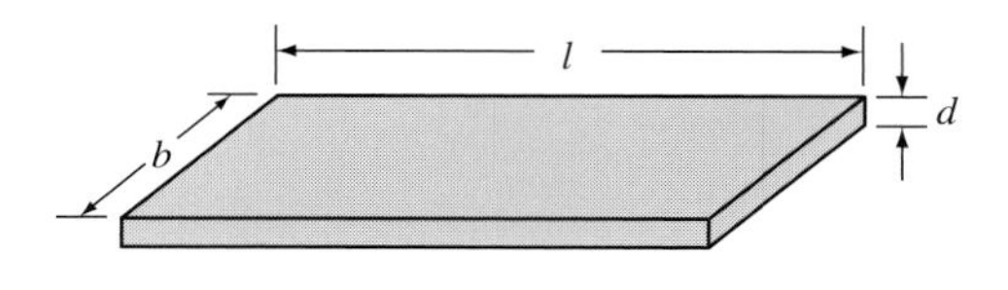

図 4.5.1　試料の外観

4.5.3　実験器具

直尺，ノギス，マイクロメーター，電子天秤，試料

4.5.4　実験方法

(1) 試料の横の長さ，縦の長さ，厚さ，質量を測定する．

(2) 得られた測定値を (4.5.1) 式に代入し，密度を求める．

(3) 計算された密度を表 4.5.1 と比較し，試料の材質を同定する．

4.5.5　課　題

(1) 相対不確かさは精度を表す．各量の相対不確かさを表にし，相対不確かさの大きさが同程度であったか，器具の選択は適切であったかどうか検討せよ．

(2) 密度 ρ の不確かさの伝播法則の式を導出せよ．また，実際の測定結果を用いて密度の拡張不確かさの推定値 $\Delta\rho$ を計算せよ．

(3) 表 4.5.1 の中から試料の物質を同定せよ．

表 4.5.1　物質の密度

物質名	密度 (g/cm^3)
金属	
アルミニウム	2.6989
純鉄	7.874
銅	8.96
合金	
ジュラルミン	2.8
ステンレス・スチール	7.8～8.0
真ちゅう	8.4

物質名	密度 (g/cm^3)
樹脂	
ポリ塩化ビニル（塩ビ）	1.2～1.6
ポリメタクリル酸メチル（アクリル）	1.16～1.20
ベークライト	1.20～1.40

注）合金はその組成により密度が異なるので，代表的な値を記した．7.1 節の定数表も参照せよ．

4.5.6 実験結果のまとめ方

試料の縦の長さ b の測定

測定回数	b(mm)
1	
2	
3	
4	
5	
平均	

試料の横の長さ l の測定

測定回数	l_l(mm)	l_r(mm)	$l_r-l_l=$ l(mm)
1			
2			
3			
平均	-	-	

試料の厚さ d の測定

測定回数	d(mm)
1	
2	
3	
4	
5	
6	
7	
8	
9	
10	
平均	

試料の質量 m の測定

測定回数	m(g)
1	
2	
3	
平均	

4.6 サールの装置によるヤング率の測定

4.6.1 目　的

弾性率の1つである**ヤング率**のもつ意味を理解するとともに，針金に荷重を掛けて伸びを測定する **サール** (Searle) **の装置**を用いて，鉄あるいは真鍮のヤング率を求める．

4.6.2 原　理

ヤング率とは "物質の伸びにくさ" を表す量である．長さ l [m]，断面積 S [m^2] の針金を F [N] の力で引っ張ったとき，長さが δl [m] だけ伸びたとすれば，これらの物理量の間には次の式が成り立つ．

$$\frac{F}{S} = E\,\frac{\delta l}{l} \tag{4.6.1}$$

ここで，E [Pa] はヤング率を表し，圧力と同じ単位となる．断面が直径 d [m] の円形の針金に質量 M [kg] のおもりを掛けて針金を伸ばした場合，ヤング率は，

$$E = \frac{4Mgl}{\pi d^2 \delta l} \tag{4.6.2}$$

となる．ここで，g [m/s^2] は重力加速度の大きさを表す．よって，おもりの質量 M，針金に関する諸量 d，l および伸び δl を測定すれば針金のヤング率 E を求めることができる．

4.6.3 使用器具

サールの装置，マイクロメーター，巻尺，おもり，てんびん

4.6.4 実験方法

(1) サールの装置（図 4.6.1）の2本の針金が，チャック A，A′ でしっかりと締め付けてあることを確認する．

(2) 本来は荷重しない状態で測るべきだが，針金がまっすぐになるので，7つのおもりを皿 C あるいは C′ に載せて荷重した状態での針金の長さ l（上下のチャックの間隔）を測る．

(3) 7つのおもりの質量をそれぞれ測る．

(4) 針金の直径 d を，何か所か場所を変えて測る．

(5) おもりを載せないで測微計 R（サールの装置の側面に取り付けてあるマイクロメーター）を動かし，水準器 L を水平にする．このときの R の読みを a_0 とする．

(6) 一方の下部 C におもり W を1個載せ，L の傾きを測微計で水平にし，その読みを a_1 とする．

(7) おもりを順に1個ずつ7個まで増していき，1個増すごとに L を水平にして a_n を読み取る．読み取った値は，順に $a_2, a_3, \cdots, a_7$ とする．

(8) 次におもりを1個ずつ減らしていき，同様に，$a_7{}'(=a_7), a_6{}', \cdots, a_0{}'$ を読み取る．

(9) 測微計の読みの平均値を求め，おもりを載せていない状態で測定された測微計の読みからのずれ（伸び）を計算する．縦軸に伸び，横軸におもりの質量をとって，データをプロットする．

(10) グラフの傾きを求めると，(4.6.2) 式中の $\delta l/M$ が求まるので，ここからヤング率を求める．針金に曲がりがあった場合，おもりの質量と伸びのグラフは，荷重が小さいところで伸びが大きくなり，データが直線上にのらない（図 4.6.2）．これは，実際の針金の伸びに，針金の曲がりとれることでの伸びが加わったことが原

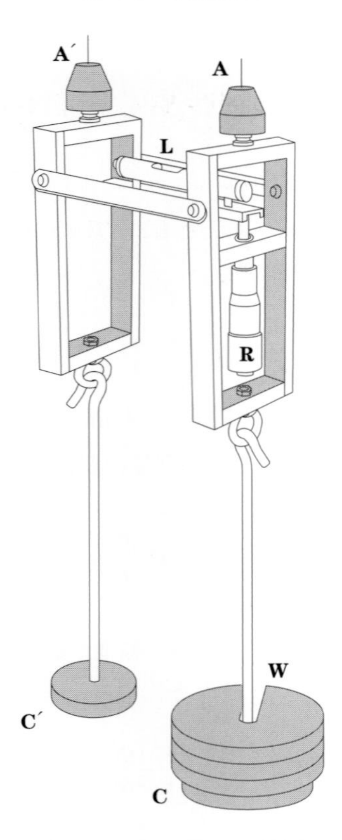

図 4.6.1　サールの装置

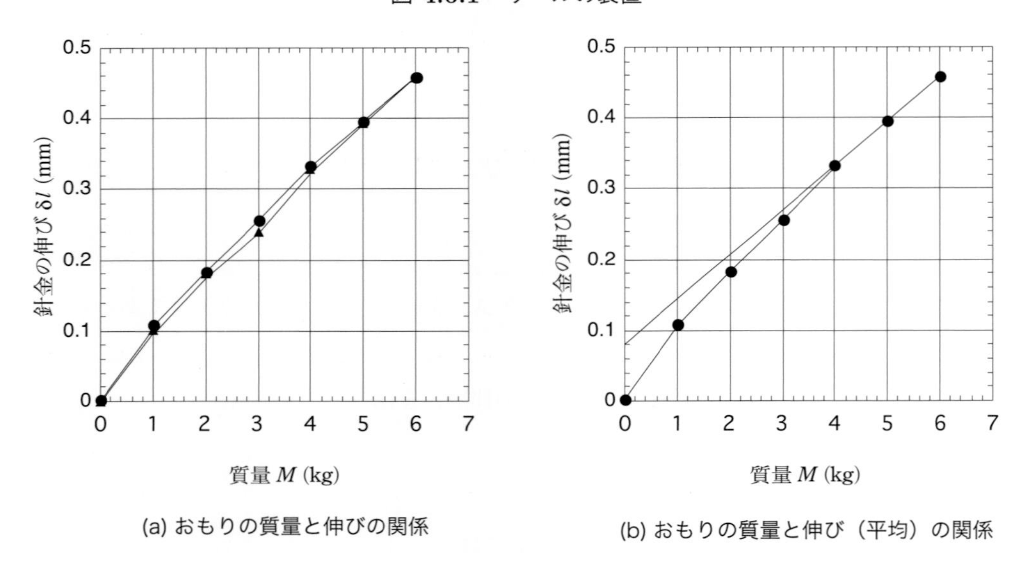

(a) おもりの質量と伸びの関係　　(b) おもりの質量と伸び（平均）の関係

図 4.6.2　おもりの質量と伸びの関係

因である．しかし，この場合でも荷重が大きくなれば，曲がりの影響は既になくなっているので，ほぼ直線的に変化する．この直線の傾きからヤング率を求めれば，針金の曲がりの影響を除いた，より正確な値が得られる．

4.6.5　課　題

(1) 得られたおもりの質量と伸びの関係を表計算ソフトに入力してグラフを作成せよ．また，作成したグラフを解析して，ヤング率を求めよ．

4.6.6　実験結果のまとめ方

おもりの質量 m と測微計の読み a の測定

番号 n	質量 m (g)	測微計の読み		
		増加 a (mm)	減少 a' (mm)	平均 $\bar{a}$ (mm)
0				
1				
2				
3				
4				
5				
6				
7				
平均		-	-	-

金属線の長さ l の測定

測定回数	l_t(mm)	l_b(mm)	$l_t-l_b=$ l(mm)
1			
2			
3			
平均	-	-	

金属線の直径 d の測定

測定回数	d(mm)
1	
2	
3	
4	
5	
平均	

4.6.7　APPENDIX

【弾性，ひずみと応力】

固体は外から力を加えなければ定まった形，体積を保つが，外力を加えるとそれに応じて形，あるいは体積に多少の変化が起こる．変形の大きさをもとの固体の大きさで割った変化の割合を**ひずみ**という．ひずみには**伸び**，**縮み**，**体積変化**（膨張，収縮），**せん断**（**ずれ**），**ねじれ**，**たわみ**といった種類がある．固体の内部に仮想的な面を考えると，その境界面において互いに引き合う，あるいは押し合う力が生じる．この力を単位面積に働く力として表した量を**応力**という．応力の SI 単位は N/m^2 あるいは Pa（パスカル）である．また，この仮想的に考えた面に対して垂直に作用する応力を**法線応力**，面に平行に作用する応力を**接線応力**，あるいは**せん断**（**ずれ**）**応力**という．法線応力には，固体を引っ張る方向の力となる**張力**と，圧縮する方向の力となる**圧力**の 2 種類がある．応力は固体の内部に働く力なので，外から加えた外力との釣り合いから知ることができる．

固体に加えた外力を取り去ると，外力が大きくない範囲では，固体はほぼ元の状態に戻る．この性質を固体の**弾性**と呼ぶ．外力が大きくなると，外力を除いた後でもひずみは残る．この残ったひずみを**永久ひずみ**という．永久ひずみが起こらないとき，弾性限界内にあるという．多くの場合，弾性限界内ではひずみは応力に比例して増加する．比例定数（**弾性率**）を与えることで，応力とひずみの関係を，

$$応力 = 弾性率 \times ひずみ \tag{4.6.3}$$

と定義する．この弾性率には，応力とひずみの組み合わせにより表 4.6.1 のような 3 種類がある．(4.6.3) 式は，ばねの伸びと外力の関係（**フックの法則**），

$$力 = ばね定数 \times ばねの伸び \tag{4.6.4}$$

と同じ形をしている．フックの法則が成り立つ場合を，「比例限界内にある」といい，このときは，ひずみがあれば応力が存在し，逆に応力があればひずみが存在する．

表 4.6.1　弾性率の種類

応力	弾性率	ひずみの割合
張力（圧力）	ヤング率	伸び（縮み）
圧力	体積弾性率	体積変化
せん断（ずれ）応力	剛性率	せん断

【ヤング率とポアソン比】

いま，図 4.6.3 のように長さ l [m]，断面積 S [m^2] の一様な軽い棒の上端を固定し，下端に質量 M [kg] のおもりを吊るす場合を考える．このとき棒が静止しているので，棒の下面には下向きに大きさ $F = Mg$ [N] の力がかかり，上面には上向きに $F = Mg$ [N] の力が加わる．従って，それぞれの面にかかる応力を p [Pa] とすると，$p = F/S$ である．このとき，棒の伸びを δl [m] とすると，応力 p とひずみ $\delta l/l$ の間には比例関係，

$$p = E\frac{\delta l}{l} \tag{4.6.5}$$

がある．この比例係数 E [Pa] を**ヤング**（Young）**率**という．

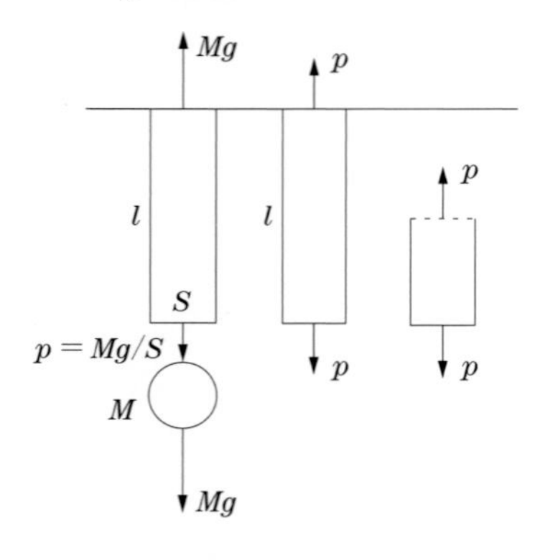

図 4.6.3　下端におもりを吊り下げた棒の内部の応力

棒が一様であるとする．棒を鉛直軸に垂直な仮想的な断面で半分に切断してみると，その面の上側の棒も下側の棒も静止していることから，これらの面にかかる応力の大きさも $p = Mg/S$ のままのはずである（図 4.6.3）．棒が一様でヤング率 E が一定なので (4.6.5) 式から，棒の半分の部分の伸び Δx は，

$$\Delta x = \frac{p}{E}\frac{l}{2} = \frac{1}{2}\Delta l \tag{4.6.6}$$

となり，棒全体の伸びの半分となる．このように一様な物質に張力をかけると，(4.6.5) 式より，

$$\Delta l = \frac{p}{E}l \tag{4.6.7}$$

のように，伸びは長さに比例することになる．同じ力をかけると長い棒ほど伸びは大きくなるが，伸びの割合は変わらない．

一方，力をかけて固体を伸ばすと，当然伸びに垂直な方向に縮む．直径 d の円形の断面をもち，長さ l の一様な棒に張力を加え，長さが δl だけ伸び，直径が δd だけ縮んだとすると，

$$\frac{\delta d}{d} = \sigma \frac{\delta l}{l} \tag{4.6.8}$$

が成り立つ．比例定数 σ を**ポアソン**（Poisson）**比**という．ポアソン比も物質定数で，$-1 < \sigma < 0.5$ であることが知られている．

4.7　ユーイングの装置によるヤング率の測定

4.7.1　目　的

棒の**たわみ**は伸びと縮みが組み合わさった変形であることを理解し，棒のたわみを**光てこ**（optical lever）によって測定する**ユーイング**（Ewing）**の装置**により試料棒のヤング率を求め，試料の材質を同定する．

4.7.2　原　理

図 4.7.1 のように断面が厚さ d [m]，幅 b [m] の長方形の一様な試料棒を l [m] 離れた 2 支点 A，B で水平に支える．2 支点の中心 O で質量 M [kg] のおもりを棒に荷重すると，荷重点の降下量 e [m] には，

$$e = \frac{Mgl^3}{4Ed^3b} \tag{4.7.1}$$

の関係が成立する．ただし，g [m/s^2] は重力加速度，l [m] は支点間距離，E [Pa] はヤング率，d [m] は棒の厚さ，b [m] は幅である．よって，l，d，b，e を測定することによってヤング率を求めることができる．

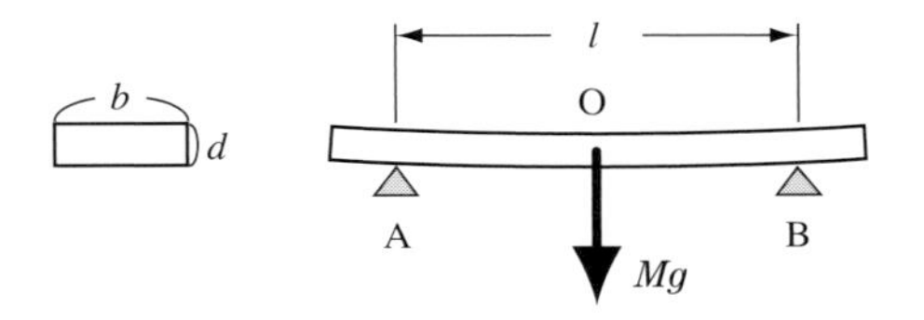

図 4.7.1　おもりによる棒のたわみ

この降下量 e は微小なため，e を測るには光てこ L を備えたユーイングの装置（図 4.7.2）を用いる．

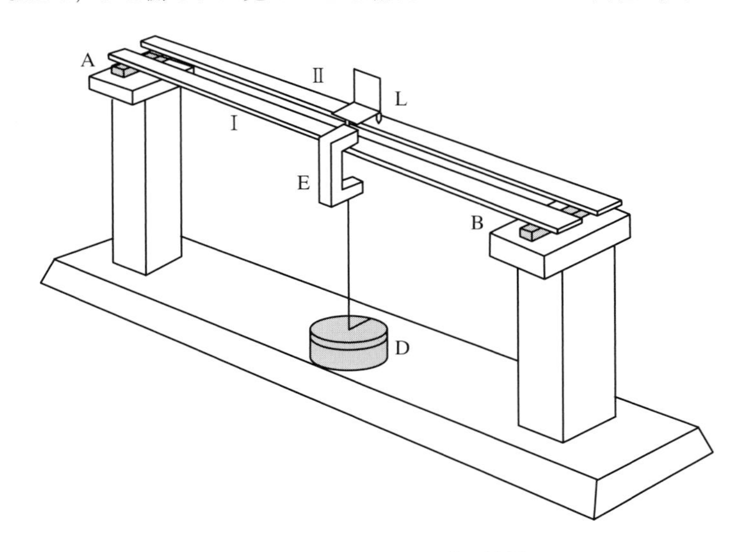

図 4.7.2　ユーイングの装置

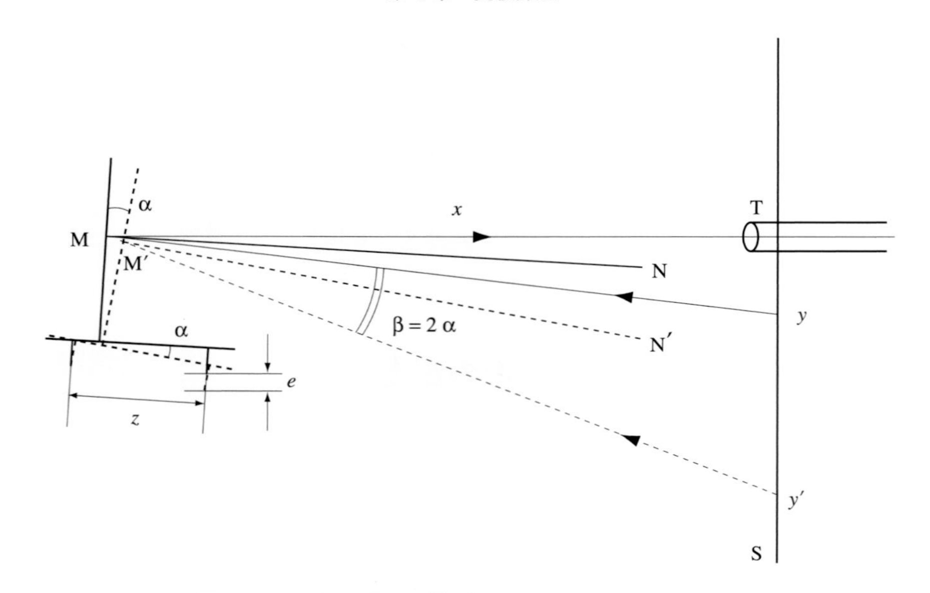

図 4.7.3　光てこの原理（MN，M′N′ は鏡面の法線）

ユーイングの装置では，図 4.7.2 のように平行に並べた試料棒 I と補助棒 II に光てこ L をまたがせておく．いま，試料棒 I に荷重すると，図 4.7.3 のように光てこが傾く．この傾きの角を α [rad]，光てこ L の前後の脚間距離を z [m] とすれば，α は小さいので，降下量 e は，

$$e = z \tan\alpha \approx z\alpha \tag{4.7.2}$$

である．傾きの角 α を測定するために図 4.7.3 のように望遠鏡 T を光てこ L にとりつけた鏡 M と垂直にし，物差し S を縦にして荷重する前の鏡 M と平行となるよう設置する．望遠鏡 T を通して物差しを見たとき，荷重前の望遠鏡 T の十字線と一致する物差し上の目盛を y，荷重後の望遠鏡 T の十字線と一致する物差し上の目盛を y' とすると，光線の方向変化 β は鏡の傾きの角 α の 2 倍に等しい．従って，$\delta y = |y' - y|$ と置き，物差し S と鏡 M の間の距離を x [m] とすると，

$$\beta = 2\alpha \approx \tan 2\alpha \approx \frac{\delta y}{x} \tag{4.7.3}$$

となる．ゆえに，(4.7.2) 式から，

$$e = \frac{z\delta y}{2x} \tag{4.7.4}$$

となり，(4.7.1) 式からヤング率 E を，

$$E = \frac{Mgl^3x}{2d^3bz\delta y} \tag{4.7.5}$$

と求めることができる．

4.7.3　使用器具

ユーイングの装置，物差し付き望遠鏡，物差し照明用ランプ，光てこ，マイクロメーター，ノギス，物差し，巻尺，おもり，てんびん

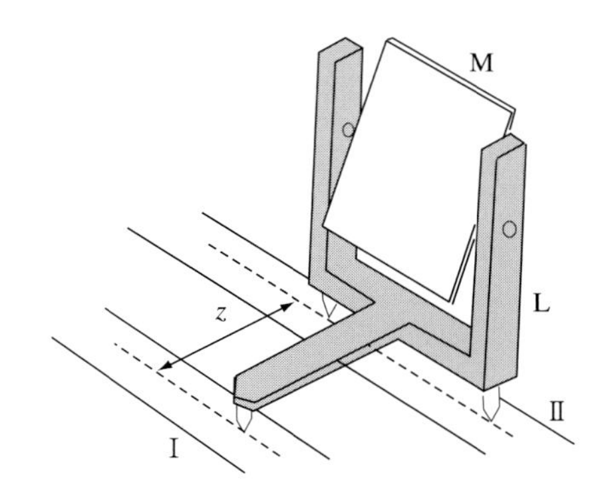

図 4.7.4　光てこの設置方法

4.7.4　実験方法

(1) 試料棒の 厚さ d と幅 b を，何か所か場所を変えて測る．

(2) 光てこの脚間距離 z とユーイングの装置の支点間の距離 l を測る．

(3) 7 個のおもりの質量をそれぞれ測る．

(4) 図 4.7.2 のように試料棒 I と補助棒 II を 2 支点 A，B 上に置き，試料棒 I の 2 支点の中心にフック E を掛け，それにおもりを載せる皿 D を掛ける．また，図 4.7.4 のように光てこ L を両棒にまたがせる．

(5) 棒から約 1.5 m 離れたところに物差し付き望遠鏡 T を置く（図 4.7.3 参照）．望遠鏡 T を鏡 M と同じ高さになるよう調整し，物差し S は望遠鏡の光軸に対して垂直になるよう調節する．鏡 M に反射して生ずる物差し S の像と望遠鏡 T の十字線が明瞭に見えるように鏡 M の向き，望遠鏡 T の焦点，ランプの位置を調整し，物差し S の目盛が視野に入るようにして焦点を合わせる．

(6) 物差し S と鏡 M の間の距離 x を測る．

(7) E におもり W を載せる皿 D だけを掛けたときの望遠鏡 T の十字線と一致する物差し S の目盛を読みこれを y_0 とする．

(8) おもりを 1 個ずつ増加したときの物差しの読みを順次 $y_1, y_2, \cdots, y_7$ とする．

(9) 次におもりを 1 個ずつ減らしたときの物差しの読みを順次 $y_7'(=y_7), y_6', \cdots, y_0'$ とする．

(10) 同じ荷重のときの物差しの読みの平均値を求め，縦軸に物差しの読みの平均値，横軸に荷重をとってデータをプロットする．

(11) グラフの傾きを求めると，(4.7.5) 式中の $\delta y/M$ が求まるので，ここから試料棒のヤング率を求める．

4.7.5　課　題

(1) 得られたおもりの質量と物差しの読みの関係を表計算ソフトに入力してグラフを作成せよ．また，作成したグラフを解析して，ヤング率を求めよ．

4.7.6 実験結果のまとめ方

おもりの質量mと物差しの読みy_n, y'_nの測定

番号 n	質量 m (g)	物差しの読み		
		左から 増加 y_n(mm)	減少 y'_n(mm)	平均 $\bar{y}_n$(mm)
0				
1				
2				
3				
4				
5				
6				
7				

試料棒の厚さ d と幅 b の測定

測定回数	d (mm)	b (mm)
1		
2		
3		
4		
5		
6		
平均		

物差しと光てこの距離 x, ユーイングの装置の支点間の距離 l,
光てこの脚間距離 z

測定回数	距離 x (mm)	距離 l (mm)	距離 z (mm)
1			
2			
3			
平均			

4.7.7 APPENDIX

A. 長さの測定

長さを測る最も簡単な測定器は物差しである．しかし，物差しの目盛はたかだか 1 mm，あるいは 0.5 mm 間隔である．そこで，目盛りの読み取りを拡大することで，より短い長さを測る方法がいろいろ考案されている．ノギスの副尺や，マイクロメーターのねじ送りなどはその例である．ノギス，マイクロメーターについてはよく知られているので，ここでは光てこを使ったオプチメーター（optimeter）の原理を理解する．図 4.7.5 はオプチメーターの原理を示している．スピンドルが図中の x だけ微小移動すると，反射鏡がわずかに傾く．この反射鏡の傾き θ は小さいため，スピンドルから支点までの距離 a を用いて，

$$\theta = \frac{x}{a} \tag{4.7.6}$$

と近似できる．反射鏡に光ビームを当て，反射光を距離 L のところで観測するとビームの振れにより，光のスポットは，

$$d = 2\theta L = \frac{2L}{a}x \tag{4.7.7}$$

だけ移動し，スピンドルの微小な移動 x が，

$$n = \frac{2L}{a} \tag{4.7.8}$$

倍だけ拡大される．オプチメーターは，この原理を使い $\pm 100\,\mu$m の範囲を最小目盛 $1\,\mu$m で測ることができる．

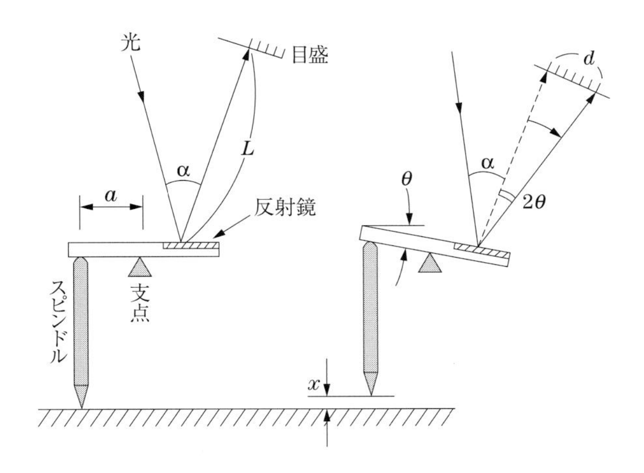

図 **4.7.5**　光てこを使ったオプチメーターの原理

B. たわみの曲率半径と応力による力のモーメント

長方形の断面をもつ一様な棒の一端を固定し，他端におもりを吊るすと，棒は**たわみ**を受ける．この場合，図 4.7.6 に示すように，上方の半分は伸び，下方は縮み，その間に伸縮しない 1 つの層 N（これを中性層という）が存在する．

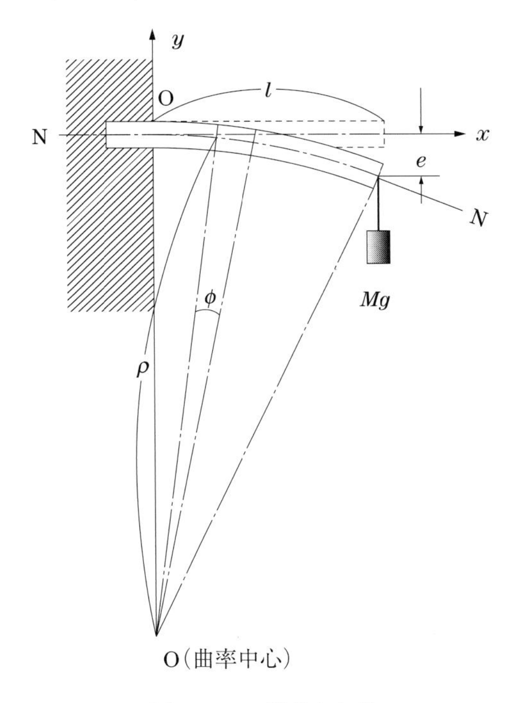

図 **4.7.6**　棒のたわみ

図 4.7.7 のように，板を中性層に平行な薄い層に分けて考えると，層が中性層から遠いほど層に働く応力は大きく，上半分と下半分で逆向きである．このとき 2 つの垂直断面によって仮想的に切り取られた中性層における長さが Δx の微小部分（図 4.7.7(a) の斜線部）を考える．

この部分の両端の面に作用する垂直応力を上半分と下半分で合成すると，図 4.7.7(a) に示したように，断面と中性層 N の交線を回転軸とする**力のモーメント** N が働いている．

図 4.7.7(b) に示したように，図 4.7.7(a) の斜線部の一端の断面 AA′ と中性層 N との交線 $\mathrm{N_1N_2}$ を中性軸 η とし，η 軸に垂直に ζ 軸を定めて，薄い層の位置を表す．いま η 軸から距離 ζ の位置にあり，η 軸に平行な厚さ $d\zeta$，長さ Δx の薄い層を考える．この薄い層の伸び $\delta\Delta x$ は，中性層の位置での棒のたわみの曲率半径を ρ，扇の中心角を ϕ として（図 4.7.6），

$$\delta\Delta x = (\rho+\zeta)\phi - \rho\phi = \zeta\phi \qquad (4.7.9)$$

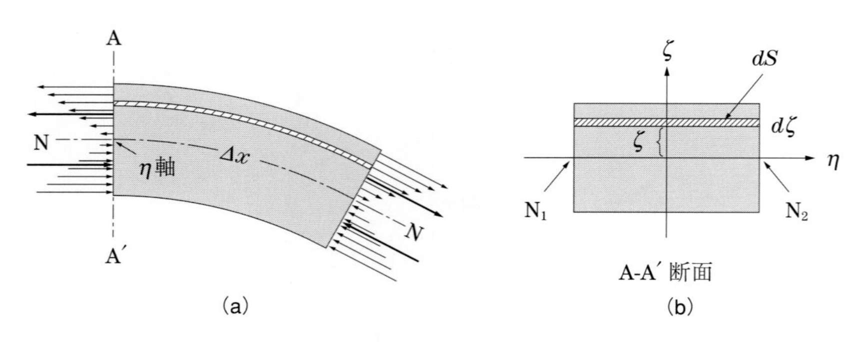

図 4.7.7　棒の長さ Δx の一部分 (a) 側面，(b) 断面

となり，また，この部分の元の長さ Δx は，

$$\Delta x = \rho\phi \tag{4.7.10}$$

となる．いま考えている厚み $d\zeta$ の薄い層の両端の面に作用する力 dF は，両端の面に働く垂直応力を p，薄い層の断面積を dS，ヤング率を E とすると，

$$p = E\frac{\delta\Delta x}{\Delta x} = E\frac{\zeta}{\rho} \tag{4.7.11}$$

の関係から，

$$dF = pdS = E\frac{\zeta}{\rho}dS \tag{4.7.12}$$

となる．この断面に垂直に働く力 dF による η 軸のまわりの力のモーメント dN は，

$$dN = \zeta dF = \frac{E}{\rho}\zeta^2 dS \tag{4.7.13}$$

となるから，これを全断面にわたって積分すると，棒の長さ Δx の部分の一端の断面に作用する η 軸のまわりの力のモーメントが次のように得られる．

$$N = \int \frac{E}{\rho}\zeta^2 dS = \frac{E}{\rho}\int \zeta^2 dS = \frac{E}{\rho}I \tag{4.7.14}$$

(4.7.14) 式において，

$$I \equiv \int \zeta^2 dS \tag{4.7.15}$$

を断面二次モーメントという．

断面二次モーメントは，断面を，面密度 σ が一様の薄い板と考えたとき，この板の中性軸のまわりの慣性モーメントが σI となる．幅 b，厚さ d の長方形の断面二次モーメントは，

$$I = \int_{-d/2}^{d/2} \zeta^2 dS = \int_{-d/2}^{d/2} \zeta^2 b d\zeta = \frac{bd^3}{12} \tag{4.7.16}$$

となる．(4.7.14) 式は，断面に働く応力による力のモーメントとたわんだ棒のたわみを表す曲率を結ぶ式になっている．次に，この式からたわんだ棒の変形を表す式を導いてみよう．図 4.7.6 において，力を受けていないときの棒の軸（中性層となるべき断面にある水平軸）を x 軸とし，左端に原点 O をとる．棒の各点の変位 y は x 軸に垂直で，x の関数である．y 曲線の曲率は，曲率半径を ρ とするとベクトル解析の公式から，

$$\frac{1}{\rho} = \frac{\dfrac{d^2y}{dx^2}}{\left\{1 + \left(\dfrac{dy}{dx}\right)^2\right\}^{3/2}} \tag{4.7.17}$$

となるが，棒のたわみの勾配 dy/dx が小さいときは $(dy/dx)^2 \ll 1$ とみなせ，(4.7.17) 式は，

$$\frac{1}{\rho} \approx \frac{d^2y}{dx^2} \tag{4.7.18}$$

となり，(4.7.14) 式は，

$$N = EI\frac{d^2y}{dx^2} \tag{4.7.19}$$

となる．応力のモーメント N は断面に垂直な応力が $d^2y/dx^2 > 0$ （y 曲線が下に凸）になるように作用するときを正とする．図 4.7.6 の場合，$d^2y/dx^2 < 0$ であるから，N は負である．この式は内部に生じた N とたわみ（ひずみ） y を結びつける式である．前節で扱った簡単な弾性率の定義式とは異なり，今回は N は場所によって異なるため，位置 x の関数 $N(x)$ になる．この $N(x)$ を決めるには前節のヤング率の定義で述べたように，外力との釣り合いの条件が必要となる．

C. たわんだ棒の形

次に図 4.7.8 のように，位置 x における断面 AA′ から右側の棒の一部の釣り合いの条件を考える．

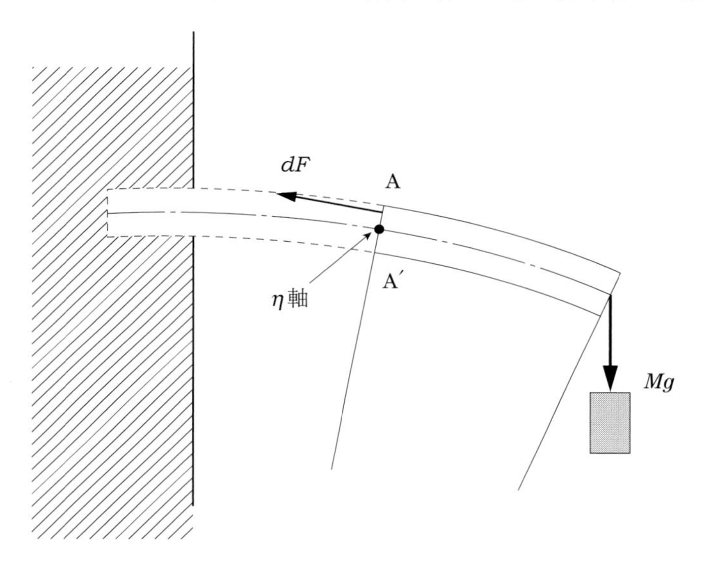

図 4.7.8　棒の先端部分の釣り合い

断面 AA′ の中の η 軸のまわりに働く応力による力のモーメント N は，棒の先端に吊るした質量 M [kg] のおもりにかかる重力による η 軸のまわりの力のモーメントと釣り合っているはずだから（そうでないと断面 AA′ から右側の部分は，η 軸を回転軸として回転してしまう），棒の長さを l，吊るしたおもりの質量を M とすると，

$$N = -(l - x)Mg \tag{4.7.20}$$

が成り立っている．これから (4.7.19) 式は，

$$EI\frac{d^2y}{dx^2} = -(l - x)Mg \tag{4.7.21}$$

となる．(4.7.21) 式は，$x = 0$ において $|d^2y/dx^2|$ が最大であり，$x = l$ において $d^2y/dx^2 = 0$ となる．

$x=0$ において y の満たす条件は，$y=0, dy/dx=0$ であるから，これを境界条件として (4.7.21) 式を x について 2 回積分すると，

$$y = -\frac{Mg}{EI}\left(\frac{lx^2}{2} - \frac{x^3}{6}\right) \tag{4.7.22}$$

となる．長方形断面の棒の場合は，幅を b，厚さを d として (4.7.16) 式を用いて I を消去し，$x=l$ とおけば，

$$y = -\frac{4\,Mgl^3}{Ed^3b} \tag{4.7.23}$$

となる．ここで，右辺の負号は棒の先端が降下することを表している．

棒の両端 A，B を支え，その 2 等分点 O に質量 M のおもりを荷重する場合（図 4.7.9），棒の両端はそれぞれ上方に $Mg/2$ の力を及ぼされていることになる．これは，原点 O を固定して，長さ $l/2$ の棒の端を $Mg/2$ の力で押し上げていることと同じであるから，(4.7.23) 式の右辺を正にし，M に $M/2$，l に $l/2$ を代入して，

$$e = \frac{Mgl^3}{4\,Ed^3b} \tag{4.7.24}$$

のように棒の中心の降下量が求まる．

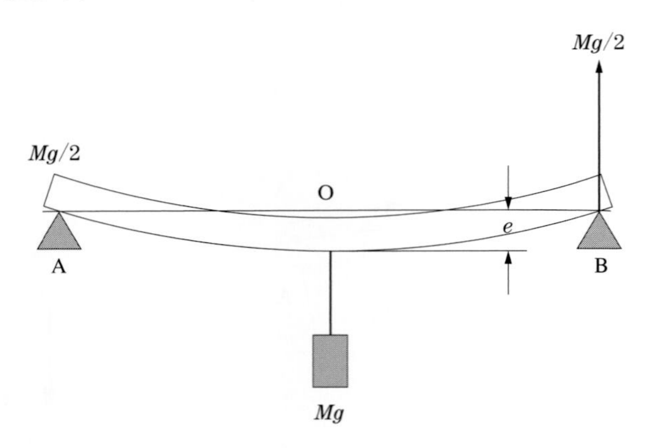

図 4.7.9　棒のたわみ

4.8 ボルダの振り子による重力加速度の測定

4.8.1 目 的

物理振り子の原理を理解するとともに，物理振り子の１つである**ボルダ**（Borda）**の振り子**の周期を測定することにより，物理学実験室での**重力加速度**の大きさを求める．

4.8.2 原 理

ボルダの振り子は，1790 年にボルダ (Borda) が考案した実体振り子である．この振り子は，金属球を吊り具を介して細い金属線で吊るしたものである（図 4.8.1）．APPENDIX において述べるように，振り子の振幅が極めて小さいとき，その周期 T [s] は次式によって表される．

$$T = 2\pi\sqrt{\frac{I}{Mgh}} \tag{4.8.1}$$

(4.8.1) 式において，M [kg] は振り子の全質量，g [m/s^2] は重力加速度の大きさ，h [m] は振り子の重心から支点 O までの距離，I [kg·m^2] は振り子の O を通る回転軸のまわりの慣性モーメントである．ボルダの振り子は，金属線の質量を無視すれば，球と吊り具の２つの部分からなっていると考えられる．球に関する量を M_1，h_1，I_1，吊り具に関する量を M_2，h_2，I_2 で表せば次の関係が成立する．

$$I = I_1 + I_2 \tag{4.8.2}$$

$$Mh = M_1h_1 + M_2h_2 \tag{4.8.3}$$

球と金属線を取り外して吊り具だけを振動させたときの周期を T_2 とすれば，

$$T_2 = 2\pi\sqrt{\frac{I_2}{M_2gh_2}} \tag{4.8.4}$$

であるから，もし $T = T_2$ ならば (4.8.1) 式，(4.8.4) 式から，

$$\frac{I}{Mh} = \frac{I_2}{M_2h_2} \tag{4.8.5}$$

と書くことができる．ここで，ある実数 λ を使って $I = \lambda I_2$, $Mh = \lambda M_2h_2$ と表せることに注意すると，$I - I_2 = (\lambda - 1)I_2$, $Mh - M_2h_2 = (\lambda - 1)M_2h_2$ と書けるので，(4.8.2) 式，(4.8.3) 式より，

$$\frac{I_2}{M_2h_2} = \frac{I - I_2}{Mh - M_2h_2} = \frac{I_1}{M_1h_1} \tag{4.8.6}$$

が成り立つ．ここで $T = T_2$ を仮定していたので，

$$T = 2\pi\sqrt{\frac{I_1}{M_1gh_1}} \tag{4.8.7}$$

を得る．従って，吊り具の部分は考えず球に関する量だけを計算すれば済むことになる．半径 r [m] の球が支点 O の周りにもつ慣性モーメントは，

$$I_1 = M_1{h_1}^2 + \frac{2}{5}M_1r^2 \tag{4.8.8}$$

である．(4.8.7) 式，(4.8.8) 式から g を求める式が得られる．小さい角振幅 θ [rad] の２次の補正項まで含めると，

$$g = \frac{4\pi^2}{T^2}\left(h_1 + \frac{2}{5}\frac{r^2}{h_1}\right)\left(1 + \frac{\theta^2}{8}\right) \tag{4.8.9}$$

となる．

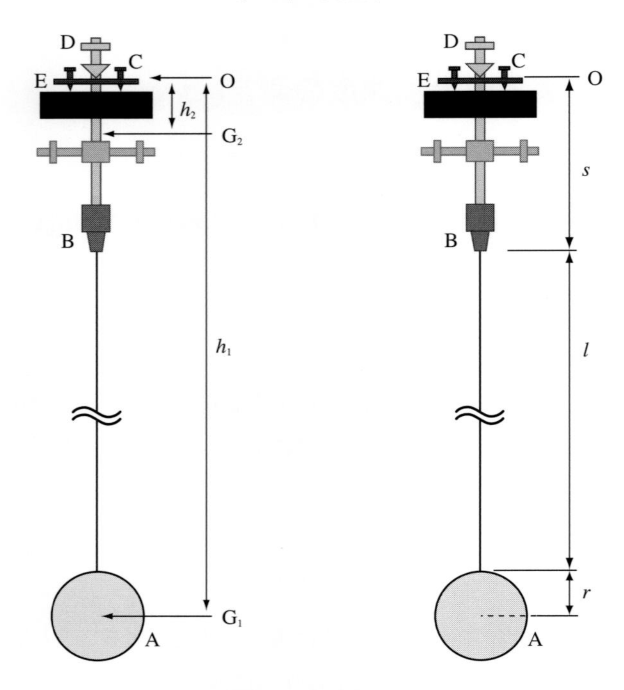

図 **4.8.1** ボルダの振り子

4.8.3 使用器具

ボルダの振り子，ストップウオッチ，水準器，針金，ノギス，長尺デジタルノギス，角度目盛紙，度数計

4.8.4 実験方法

A. 実験準備

(1) 吊り具の支点Oと，チャックの先端Bまでの長さsと，球の直径$2r$を数回測る．

(2) 図4.8.1を参照し，座金Eの上に水準器をおき，ねじCによってEを水平にする．

(3) 球と吊り具のチャックBの間に針金を取り付け，その間の針金の長さl_0を数回測る．

(4) 吊り具を座金に載せて，後ろに置いた角度目盛紙によって角度振幅が5∼6° になるよう振り子を10回振動させ，周期T_0を測る．

(5) チャックBから針金をはずし，吊り具のみを振動させ，その周期T_2を(4)で求めたT_0と等しくなるように，吊り具のねじDを調節する．

B. 実　験

(6) 球と吊り具のチャックBの間の針金の長さが，(3)で求めた長さl_0となるべく等しくなるように針金を取り付け，その間の針金の長さlを数回測る．

(7) 角度振幅が6° 以下になるように振り子を振動させ，左右の角度振幅を測る．

(8) 10周期ごと190周期までの時間を測定する．

(9) 左右の角度振幅を測る．

(10) gの計算は(4.8.9)式に$h_1 = s + l + r$を代入した次式から求める．

$$g = \frac{4\pi^2}{T^2}\left\{(s+l+r)+\frac{2}{5}\frac{r^2}{s+l+r}\right\}\left(1+\frac{\theta^2}{8}\right) \tag{4.8.10}$$

【測定上の注意】

この振り子の周期は約 2 s であるから[1]，0.01% の精度を出すには 0.0002 s まで測定することを要し，0.01 s 読みのストップウオッチならば最小 50 振動にかかる時間を測定することが必要である（3.4.2 節参照）．なお，測定は回数を数える者と振り子の運動を観測し，ストップウオッチで時刻を読み取る観測者と記録者で以下のように行うと良い．

- 回数を数える者は，振り子が例えば右からきて角度目盛線のゼロを横切る回数を観測者に知らせる．
- 観測者はあらかじめストップウオッチを動かしておき，ラップ機能を使って，回数を数える者の合図をもとに，角度目盛線のゼロを横切る時刻[2]を 10 回ごとに記録する．このとき振り子が，例えば右からきて角度目盛線のゼロを横切る瞬間の時刻を記録する．
- 10 回ごとに，連続 190 回までの時刻を記録する．

なお，振り子を振動させるとき，小球が楕円軌道を描くようならば，やり直す方がよい．

4.8.5　課　題

(1) このボルダの振り子と同じ周期をもつ，単振り子の長さを計算せよ．

4.8.6　実験結果のまとめ方

金属線の長さ l の測定

測定回数	l (cm)
1	
2	
3	
平均	

球の直径 $2r$ の測定

測定回数	直径 $2r$ (mm)（直交した 3 方向からの測定） x 方向	y 方向	z 方向
1			
2			
3			
平均			

OB 間の距離 s の測定

測定回数	s (mm)
1	
2	
3	
4	
5	
平均	

周期 T の測定

回数	時刻 t ′ ″	回数	時刻 t' ′ ″	$t'-t$ (s)
0		100		
10		110		
20		120		
30		130		
40		140		
50		150		
60		160		
70		170		
80		180		
90		190		

角度振幅 θ の測定

はじめの 左角振幅 θ_r（度）	はじめの 右角振幅 θ_l（度）	おわりの 左角振幅 θ_r（度）	おわりの 右角振幅 θ_l（度）
$(\theta_r+\theta_l)/2$		$(\theta_r+\theta_l)/2$	

1　なぜこの振り子の場合，周期が約 2 s なのか考えてみよ．
2　なぜ角度目盛のゼロの位置で時刻を測定するべきなのか考えよ．

4.8.7 APPENDIX

A. 単振り子の運動の方程式

糸におもりを付けて他端Oを固定しておもりを動かすと，おもりは鉛直面内で運動をする．図4.8.2のように，長さ l [m] の糸に質量 m [kg] のおもりを付けて振らせると，おもりは振動する．

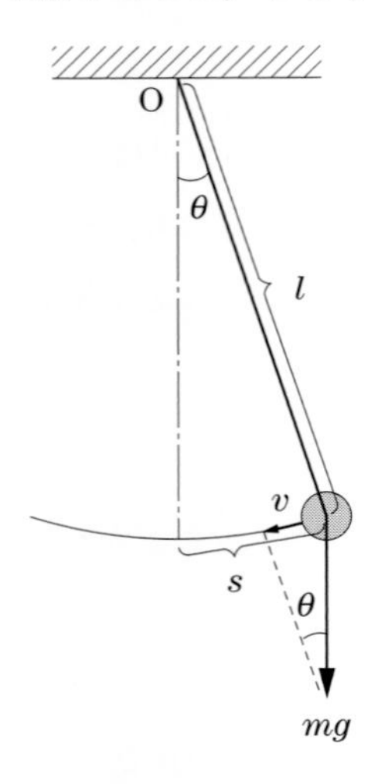

図 4.8.2　単振り子

ここで，おもりの原点Oを通り，振り子の振動している面に垂直な z 軸周りの**角運動量**を L_z，おもりの受ける z 軸周りの**力のモーメント**を N_z とすると，おもりの原点Oの周りの**回転運動方程式**は次の (4.8.11) 式によって与えられる．

$$\frac{dL_z}{dt} = N_z \tag{4.8.11}$$

おもりの運動を (4.8.11) 式の回転運動方程式を用いて解析してみよう．おもりは半径 l の円周上を運動するから，おもりの円周上進んだ距離は図4.8.2から $s = l\theta$ であり，速度 v [m/s] は，

$$v = \frac{ds}{dt} = l\frac{d\theta}{dt} \tag{4.8.12}$$

で与えられ，その方向は円周の接線方向である．このことから，z 軸の周りの角運動量 L_z は，

$$L_z = lmv = ml^2\frac{d\theta}{dt} \tag{4.8.13}$$

となる．同様に，原点Oから重力の作用線までの距離は $l\sin\theta$ なので，力のモーメント N_z は，

$$N_z = -mgl\sin\theta \tag{4.8.14}$$

となる．ただし，負号は力の方向が角 θ と逆方向となるためである．これから，回転運動方程式 (4.8.11) 式は，

$$\frac{d}{dt}\left(ml^2\frac{d\theta}{dt}\right) = -mgl\sin\theta \tag{4.8.15}$$

すなわち，

$$ml^2\frac{d^2\theta}{dt^2} = -mgl\sin\theta \tag{4.8.16}$$

となる．$\sin\theta$ を θ [rad] の級数（マクローリン級数）として表すと，

$$\sin\theta = \theta - \frac{\theta^3}{3!} + \frac{\theta^5}{5!} - \cdots \tag{4.8.17}$$

となるから，θ が小さいとき，例えば，θ が $0.1\,\mathrm{rad}(5.73^\circ)$ 以下のときには，$\sin\theta \simeq \theta$ とすることができる．従って，(4.8.16) 式は，

$$\frac{d^2\theta}{dt^2} = -\frac{g}{l}\theta \tag{4.8.18}$$

と近似される．この解は，

$$\theta = A\sin\left(\sqrt{\frac{g}{l}}t+\delta\right) \quad A：振幅，\delta：初期位相 \tag{4.8.19}$$

という形をとる．振動の周期 T は，

$$T = 2\pi\sqrt{\frac{l}{g}} \tag{4.8.20}$$

であるから，単振り子の周期はおもりの質量と振幅に依らない．これを**振り子の等時性**という．

B. 物理振り子の運動の方程式

剛体を固定軸で支えて左右に振らせて振り子とするものを**物理振り子**という．物理振り子の周期について考えよう．

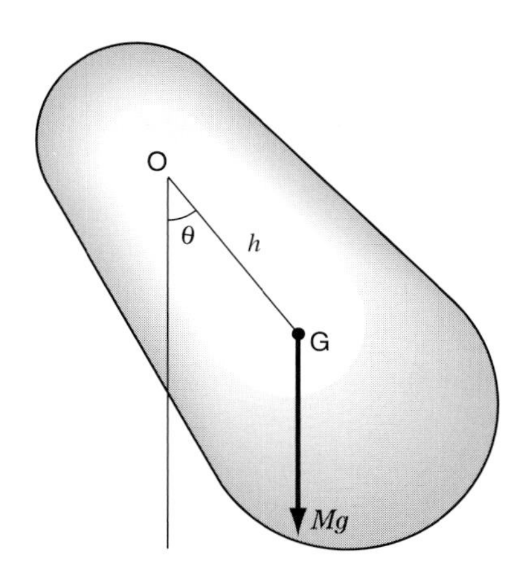

図 **4.8.3**　物理振り子

いま，1 つの剛体を考え（図 4.8.3），固定軸を O，剛体の重心を G，OG=h とし，OG が鉛直線となす振れの角を θ とすると，O 軸周りの力のモーメント N は重心に全ての重力が集中したとして計算でき，

$$N = -Mgh\sin\theta \tag{4.8.21}$$

となる．剛体の O 軸周りの慣性モーメントを I とすると，剛体の O 軸周りの回転運動方程式 (4.8.11) 式は，

$$I\frac{d^2\theta}{dt^2} = -Mgh\sin\theta \tag{4.8.22}$$

となり (4.8.16) 式と同じ形をしている．$\sin\theta \simeq \theta$ とみなすと，(4.8.22) 式は，

$$\frac{d^2\theta}{dt^2} = -\frac{Mgh}{I}\theta \tag{4.8.23}$$

となる．この式は (4.8.18) 式と同様に単振動の微分方程式であるからその一般解は，

$$\theta = A\sin\left(\sqrt{\frac{Mgh}{I}}t+\delta\right) \quad A：振幅，\delta：初期位相 \tag{4.8.24}$$

である．すなわち，振れの角 θ が小さいとき，剛体は周期，

$$T = 2\pi\sqrt{\frac{I}{Mgh}} \tag{4.8.25}$$

の単振動を行う．$I/(Mh) = L$ とおくと，

$$T = 2\pi\sqrt{\frac{L}{g}} \tag{4.8.26}$$

と書け (4.8.20) 式と同じ式になる．このことから L を**相当単振り子の長さ**という．

4.9 モノコードを用いた定常波の観測

4.9.1 目 的

磁場がかかっている金属線に交流電流を流すと，金属線に周期的なローレンツ力が作用する．交流電流の周波数が定常波の固有周波数と一致すると効率的に定常波が発生する．この定常波の特徴が金属線の長さと張力に依存することを確認し，金属線に発生した定常波の性質を理解する．

4.9.2 原 理

質量 m[kg]，長さ l[m] の金属線の線密度 σ[kg/m] は，

$$\sigma = \frac{m}{l} \tag{4.9.1}$$

と表せる．この金属線の断面積を S[m^2] とすると，線密度 σ と体積密度 ρ[kg/m^3] の関係は，

$$\sigma = \rho S \tag{4.9.2}$$

となる．いま，金属線に張力 T[N] を与えて金属線を張る．この金属線を伝わる横波の進行速度 v は線密度 σ と張力 T を用いると，次の関係が成り立つ．

$$v = \sqrt{\frac{T}{\sigma}} \tag{4.9.3}$$

速さ v で進行していた横波が金属線の固定端で反射した場合，進行波と反射波の重ね合わせによって合成波が観測される．このとき横波の振動数が固有振動数 f_n[Hz] と一致すると，合成波は定常波となり，f_n は，

$$f_n = \frac{n}{2l}\sqrt{\frac{T}{\sigma}} \tag{4.9.4}$$

と表せる．ここで n は定常波の次数を表している．金属線にこの固有振動数 f_n で力を加え続けると効率よく定常波の振幅を大きくできる．この現象を共振と呼び，この周波数を共振振動数ともいう．

4.9.3 実験器具

共鳴箱 (モノコード)，金属線 (ステンレス，真鍮)，大電力低周波発振器，磁石，受皿，おもり，直尺，マイクロメーター，電子天秤，琴柱，同軸ケーブル

4.9.4　実験方法

(1) 図 4.9.1 のように金属線の一端を共鳴箱に取り付ける．おもりと受け皿の質量の合計を 300 g 程度にし，質量を測定した後に，金属線の他端に取り付ける．

(2) 琴柱の間隔 l を 300 mm 程度にし，直尺で琴柱の間隔を測定する．

(3) 共鳴箱の中央付近に磁石を置く．大電力低周波発振器に接続された同軸ケーブルの先端を金属線に取り付け，電圧を印加する．

(4) 発振器の周波数を 10 Hz 程度から，徐々に高くしていき，金属線に $n=1$ の基本振動の定常波の振幅が大きくなる振動数 (共振振動数 f_1) を探し，記録する．

(5) 琴柱の間隔を 400 mm，500 mm，・・・800 mm と変えながら，それぞれの間隔で共振振動数 f_1 を記録する．縦軸に f_1，横軸に $1/l$ のグラフを作成する．

(6) おもりと受け皿の質量の合計を 500 g，800 g にして，同様の実験を行い，縦軸に f_1，横軸に $1/l$ のグラフを作成する．

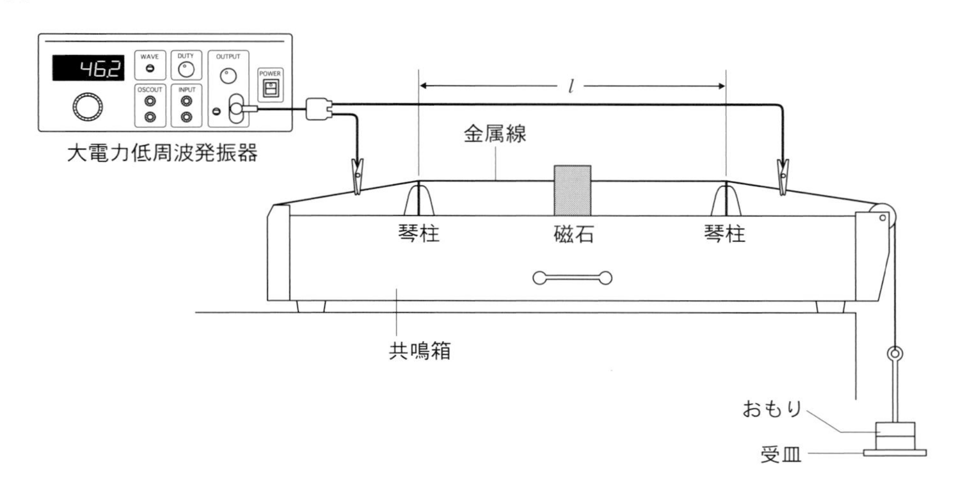

図 4.9.1　定常波の測定の実験配置図

4.9.5　課　題

(1) $l=500$ mm の f_1 を，(4.9.4) 式に代入することで，金属線の線密度を求めよ．求めた線密度を (4.9.2) 式に代入することで，金属線の体積密度を求め，文献値と比較せよ．

(2) 横軸が $1/l$[/m]，縦軸が共振振動数 f_n の関係のグラフの傾きの 2 倍が，波の進行速度となることを示せ．測定結果を表計算ソフトに入力してグラフを作成し，グラフの傾きの解析から波の進行速度を求めよ．

4.9.6　実験結果のまとめ方

共振振動数 f_1 の測定

l の目標値 (mm)	l_l(mm)	l_r(mm)	$l_r-l_l=$ l(mm)	$1/l$(mm^{-1})	f_1(Hz)
300					
400					
500					
600					
700					
800					

4.9.7 APPENDIX

A. 波の進行と反射

x 軸上を進行している進行波の変位を，

$$y(x,t) = A\sin(kx - \omega t) \tag{4.9.5}$$

と表す．ここで，A [m] は振幅，k [rad/m] は波数，ω [rad/s] は角周波数，t [s] は時刻を表す．
図 4.9.2 のように時刻 t_0[s] で位置 x_0[m] に観測された変位の最大値が，Δt[s] 後に Δx[m] 進んだとする．

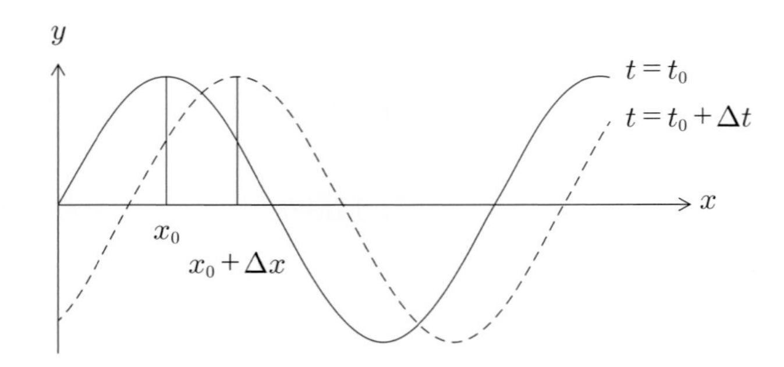

図 4.9.2 波の進行の様子

変位の最大値は位相 $\pi/2$ で得られるので，時刻 t_0，$t_0 + \Delta t$ で観測された最大値の位相は，

$$kx_0 - \omega t_0 = \frac{\pi}{2} \tag{4.9.6}$$

$$k(x_0 + \Delta x) - \omega(t_0 + \Delta t) = \frac{\pi}{2} \tag{4.9.7}$$

となる．(4.9.6) 式，(4.9.7) 式の差から，波の進行速度 v[m/s] は，

$$v = \frac{\Delta x}{\Delta t} = \frac{\omega}{k} \tag{4.9.8}$$

となり，$v > 0$ より，この波は x 軸正の方向に進行していることが分かる．この進行波が x 軸上の点 $x = 0$ で反射して，x 軸負の方向に進行した．波が反射した点が固定端と扱える時，この反射波の変位は，

$$y(x,t) = A\sin(kx + \omega t) \tag{4.9.9}$$

と表せる．この反射波が生じたことで，進行波と反射波の合成波が観測されるようになる．合成波の変位は，

$$y(x,t) = A\sin(kx - \omega t) + A\sin(kx + \omega t) \tag{4.9.10}$$

$$= 2A\sin(kx)\cos(\omega t) \tag{4.9.11}$$

となる．

B. 弦を伝わる横波の速さ

振動する弦を伝わる波の速さを，ニュートンの運動方程式から求めてみよう．図 4.9.3 のように，弦が張られている方向に x 軸をとり，この方向に伝わる横波を考える．ギターなどに張られている弦をはじくことで生じる横波は，弦が張られている方向に対して垂直な y 軸方向の振動運動が，x 軸方向に波として伝搬する現象である．この振動している弦の $x = x_1$ と $x = x_2 = x_1 + \Delta x$ の間にある質量 Δm の微小要素（図 4.9.3 の長方形の部分）に注目する．

この微小要素の左端，右端に作用する弦の張力の大きさ T は等しいが，それらの力の向きはわずかに異なる．この力の水平方向とのなす角をそれぞれ θ_1, θ_2 とし，微小要素の y 方向の変位は位置 x と時間 t の関数であることに注意すると，運動方程式は (4.9.12) 式で与えられる[1]．

[1] 左辺が偏微分となっているのは，変数 y が時間 t によるだけでなく，弦の位置 x にも依存する量であるからである．

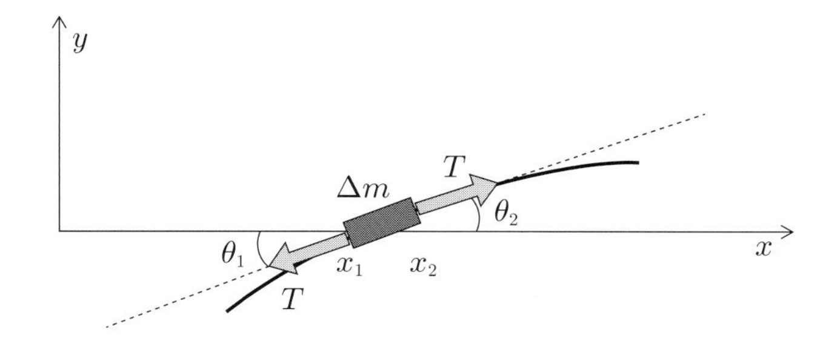

図 4.9.3　弦の微小要素に作用する張力

$$\Delta m \frac{\partial^2 y}{\partial t^2} = T\sin\theta_2 - T\sin\theta_1. \tag{4.9.12}$$

ここで，弦の微小要素の左端と右端での角度 θ_1 と θ_2 は十分に小さいので[1]，

$$\sin\theta_2 \approx \tan\theta_2 = \left.\frac{\partial y}{\partial x}\right|_{x=x_1+\Delta x}, \qquad \sin\theta_1 \approx \tan\theta_1 = \left.\frac{\partial y}{\partial x}\right|_{x=x_1} \tag{4.9.13}$$

と書けることに注意すると，運動方程式 (4.9.12) 式は，

$$\Delta m \frac{\partial^2 y}{\partial t^2} = T\left(\left.\frac{\partial y}{\partial x}\right|_{x_1+\Delta x} - \left.\frac{\partial y}{\partial x}\right|_{x_1}\right) \approx T\Delta x \left.\frac{\partial^2 y}{\partial x^2}\right|_{x=x_1} \tag{4.9.14}$$

と書ける．従って，線密度 $\sigma = \Delta m/\Delta x$ を用いると，(4.9.14) 式は，

$$\frac{\partial^2 y}{\partial t^2} - \frac{T}{\sigma}\frac{\partial^2 y}{\partial x^2} = 0 \tag{4.9.15}$$

となる．ここに導かれた (4.9.15) 式は 1 次元の**波動方程式**といい，y 方向の変位が速さ $v{=}\sqrt{T/\sigma}$ で x 方向に横波として伝わることを示している．実際，この波動方程式 (4.9.15) 式の解は，一般に，波数を $k = 2\pi/\lambda$，角振動数を $\omega = 2\pi f$（ここで λ は波の波長，f は波の振動数）とするとき，

$$y(x,t) = A\sin(kx - \omega t + \phi_0), \tag{4.9.16}$$

で与えられる．ここで，A は波の振幅，ϕ_0 は初期位相である．波数 k と ω の関係は，波の分散関係と呼ばれ，(4.9.16) 式を (4.9.15) 式に代入すると，

$$\frac{\omega}{k} = \sqrt{\frac{T}{\sigma}} \tag{4.9.17}$$

となる．

角振動数と波長との間の関係，$\omega/k = f\lambda = v$ から，張力 T で張られた線密度 σ の弦を伝わる横波の速さ v は，

$$v = \sqrt{\frac{T}{\sigma}} \tag{4.9.18}$$

で与えられる．

[1] この理由により，弦の微小要素の x 方向の力は釣り合っている．

4.10 回折格子による光波長の測定

4.10.1 目 的

光の**回折**と**干渉**の性質を利用して光を異なる波長に分ける**回折格子**の原理と**分光計**のしくみを理解し，**波長**の知られている光源 (ナトリウムの **D 線**) を用いて回折格子の格子定数を求め，さらに，この回折格子により水銀灯の出す**線スペクトル**の波長を測定する．

4.10.2 原 理

A. 回折格子

回折格子は，ガラスまたは金属の表面に，幅 1 mm につき数百本の等間隔の細線をダイヤモンドなどで引いたものである（図 4.10.1）．

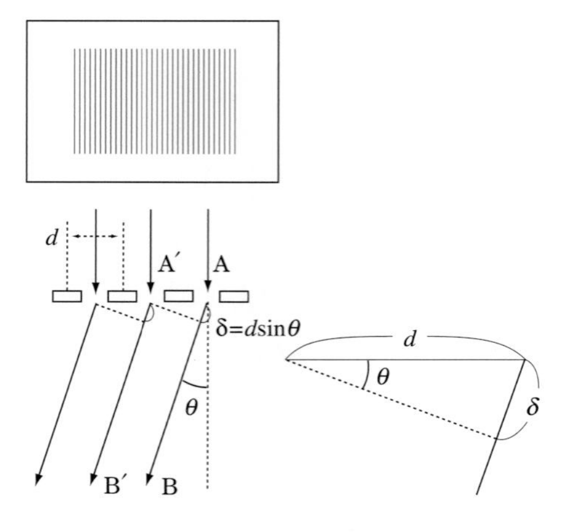

図 4.10.1 回折格子

図 4.10.1 のように回折格子面に垂直に単色の平行光線を当てる．入射光線と角度 θ をなす方向に回折した光を考えると，隣接した 2 つの格子の隙間を通る光線 AB と A′B′ との**光路差** δ が波長 λ の整数倍 $n\lambda$ に等しいときには，格子の各隙間から来る光が互いに強めあうために回折光に**明線**が生じる．この格子の間隔 (格子定数) を d とすると，$\delta = d\sin\theta$ であるから，明線の条件式は，

$$d\sin\theta = n\lambda \qquad n = 0, 1, 2, \cdots \tag{4.10.1}$$

となる．$n = 0, 1, 2, \cdots$ をそれぞれ **0,1,2,** $\cdots$ **次の回折**という．θ の向きも考えると，$n = 0$, ±1, ±2, ... となる．

B. 格子定数の測定

ナトリウム灯をコリメーターのスリットの前に置くと，コリメーターを通った平行光が**格子面**に当たって回折し，(4.10.1) 式の条件を満たす方向にスペクトル線が観測される．その結果，ナトリウム灯の明線である D_1 と D_2 の回折光が観測できる．1 次回折では D_1 と D_2 を分離することが困難であるので，2 次以上の回折光で測定を行う (図 4.10.2)．

格子定数の測定は，それぞれ左右の回折角を測定し，その左右の角の差 2 θ より回折角 θ を求める．すると，D_1 と D_2 の波長はそれぞれ，

$$D_1 : \quad 589.592\,\mathrm{nm}$$

$$D_2 : \quad 588.995\,\mathrm{nm}$$

と知られているので，この値と上記の測定によって得られた θ を用いて，(4.10.1) 式より格子定数 d が求まる．

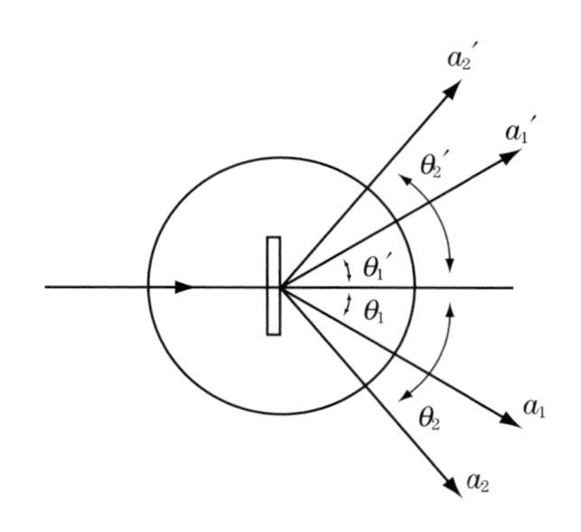

図 **4.10.2**　**1** 次回折線と **2** 次回折線

4.10.3　使用器具

分光計，ナトリウム (Na) 灯，水銀 (Hg) 灯，回折格子，レンズ付き懐中電灯

4.10.4　実験方法

A. 実験準備

(1) 水平に調整された分光計の回転台の中心に，回折格子をその格子面が光源の方向を向くように置き，コリメーターからの光が格子面に直角に当たるように回折格子の向きを定める（図 4.10.3）.

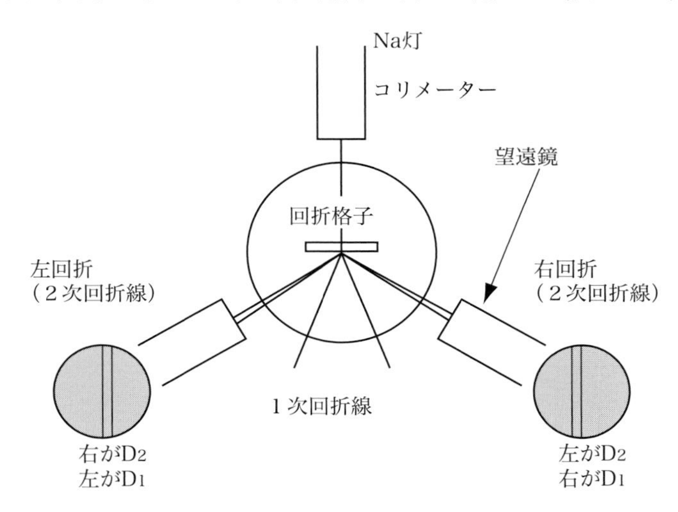

図 **4.10.3**　分光計による回折光の観測

(2) 光源（ナトリウム灯）を点灯する.

(3) ナトリウム灯からの光の多くがコリメーターのスリットを通るように，ナトリウム灯の位置を調整する.

(4) コリメーターと**望遠鏡**を一直線上に置き，スリットの像を望遠鏡の視野にある十字線の交点と一致させる.

(5) 使用する分光計は調整が済んでいるので望遠鏡固定ねじ，望遠鏡の微調整ねじ，コリメーター調整ねじ以外は触らなくてよい．なお，測定は望遠鏡固定ねじをゆるめ，目的の回折線が望遠鏡の視野に入ったら望遠鏡固定ねじを締め，望遠鏡の微調整ねじで輝線を望遠鏡の十字線に合わせ角度を読む.

B. 格子定数の測定

(1) 望遠鏡が光軸に対して直線上にあれば，そこから左に回していくと接近した 2 本の黄色い線からなる 1 次回折光，さらに回していくと 2 次回折光，3 次回折光などが見える．適当な次数 n の回折光 $a_1(\mathrm{D}_1), a_2(\mathrm{D}_2)$ を選び，その角度を数回測定する（左回折）．

(2) 上記と同様に右に望遠鏡を回し，同じ次数の回折光 $a_1{}', a_2{}'$ の角度を数回測定する（右回折）．

(3) ナトリウム光の D_1 と D_2 の左右の角度の差はそれぞれの回折角の 2 倍である $2\theta_1$，$2\theta_2$ であるから，対応する格子定数 d_1，d_2 を (4.10.1) 式から求める．

(4) 格子定数 d_1, d_2 を平均して，次の実験で用いる d とする．

C. 水銀の線スペクトルの測定

(1) **B.** のナトリウム灯の代わりに水銀灯（Hg）をコリメーターのスリットの後ろに置き点灯する．

(2) 望遠鏡を左に回していくと，1 次回折光の青（B_1），緑（G_1），黄（$\mathrm{Y}_{\alpha 1}$），黄（$\mathrm{Y}_{\beta 1}$），そこからさらに回していくと 2 次回折光の青（B_2），緑（G_2），$\cdots$ が見える．適当な次数 n（ここでは $n=1$ と $n=2$ とする）の回折光を選び，B_n，G_n，$\mathrm{Y}_{\alpha n}$，$\mathrm{Y}_{\beta n}$ の角度をそれぞれ数回測定する（左回折）．

(3) 上記と同様に右に望遠鏡を回し，同じ次数の回折光 $\mathrm{B}_n{}'$，$\mathrm{G}_n{}'$，$\mathrm{Y}_{\alpha n}{}'$，$\mathrm{Y}_{\beta n}{}'$ の角度を数回測定する（右回折）．

(4) **B.** で求めた d を用いて青（B_n），緑（G_n），黄色（$\mathrm{Y}_{\alpha n}$ および $\mathrm{Y}_{\beta n}$）の波長を (4.10.1) 式から求める．ここで，θ は同じ次数の角度を b, b' とすると，$\theta = (b' - b)/2$ である．

(5) 表 4.10.1 の水銀灯の可視光線の波長と実験結果を比較する．また，付録 7.1 節の表 7.1.6 にある元素のスペクトル線の波長も参照せよ．

表 4.10.1　水銀灯の可視光線の波長

	青（B）	緑（G）	黄 1（Y_α）	黄 2（Y_β）
Hg (nm)	435.8	546.1	577.0	579.1

4.10.5　課　題

(1) 1次回折と2次回折ではどちらの方が精度の良い測定が行われるか．角度分解能の観点から理由を述べよ．

4.10.6　実験結果のまとめ方

回折角 θ の測定

測定回数	左回折角 θ_l(° ′)	右回折角 θ_r(° ′)
1		
2		
3		
平均		
$(\theta_r+\theta_l)/2$		

4.10.7　APPENDIX

A. ホイヘンスの原理

水面を伝わる波を観察すると分かるように，波の山の頂上，あるいは谷の底をつないでいくと，直線や，ひと連なりの曲線になる．この直線や曲線を，波面という．「波線」ではなく「波面」というのは，音や光のように3次元の空間を伝わる一般的な波の場合は，ひと連なりの平面や曲面となるからである．

図4.10.4は，波源から円弧状の波が伝わっていく様子を示したものである．ある瞬間，着目する波面がAにあったとする．やがて波面はBに進む．この過程を波面A上の全ての点から新たに素源波，または2次波という新たな円弧状の波（図4.10.4の破線）が生まれ，それらが重なり合って新しい波面Bを形成した，と捉え直すことができる．波面Bとは，これら球面波の先頭をつなぐ包絡(ほうらく)面である．これが，波の伝播に関する**ホイヘンス**（Huygens）**の原理**である．光も波としての性質をもつことが知られており，光の伝播もこの原理から理解できる．

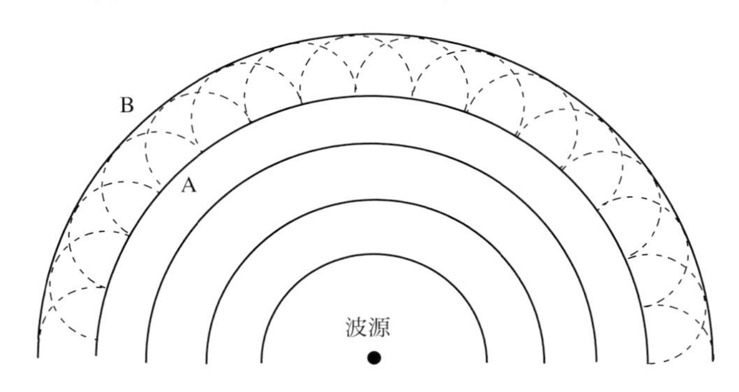

図 4.10.4　ホイヘンスの原理

B. 波の回折と回折格子

図4.10.5のように，波（光）を遮る薄い壁があり，左側から波が入射している．壁には等しい間隔をおいて，紙面に垂直な方向に沿った細いすきまが開けられている．このすきまを**スリット**という．それぞれのスリットは2次波(この場合は新しい円筒波)の源となる．スリットは等しい間隔をおいて並んでいるので，ある特定の方向(例えば，図の実線の矢印の方向)に向かって包絡線がそろい，新しい平面波が形成される．つまり，スリットからの2次波は，この方向にそろって互いに強め合い，明るい光が観察される．

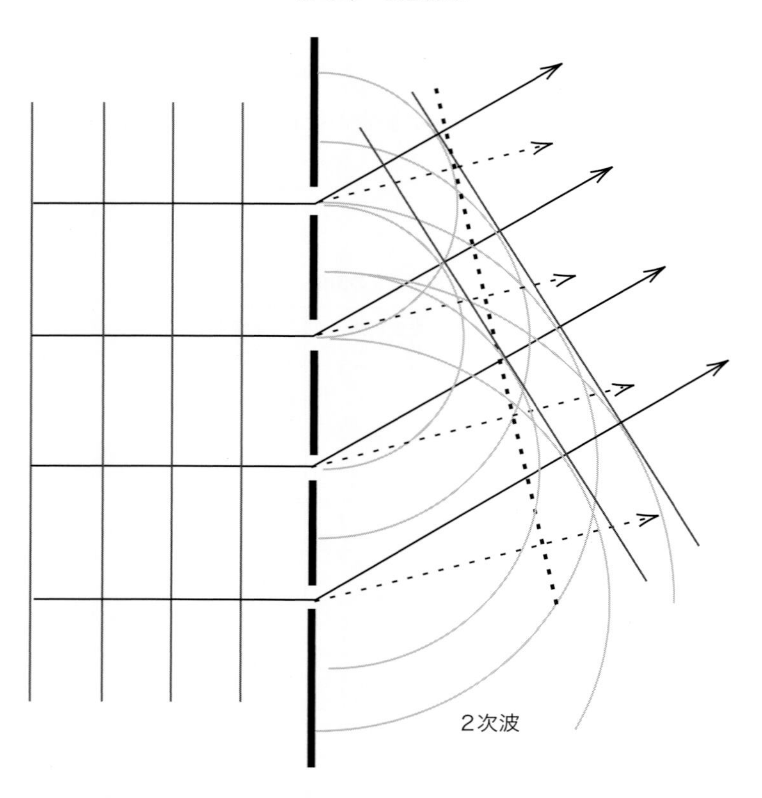

図 4.10.5　多数のスリットを通過した光 (波) の干渉

一方，他の方向 (例えば，図 4.10.5 の破線と矢印の方向) では 2 次波の山と谷はバラバラに重なり合い，その結果，各スリットからの波は互いに打ち消しあう．従って，この方向には波は進行しない．

図 4.10.5 では，多くのスリットからの 2 次波が重なり合っている．多数のスリットの中から隣り合う 2 つのスリットからの 2 次波だけに注目して考える．図 4.10.6 を見ると，下側のスリットで発生した 2 次波は，距離 $d\sin\theta$ だけ遠回りし，1 波長分遅れて上側のスリットにやってきた波面から生まれた 2 次波と互いに強め合う．つまり，両者は一致して，新しい平面波の波面を形成する．波の波長を λ として，両スリットからの 2 次波が一致し強め合う条件は，

$$d\sin\theta = n\lambda, \quad n = 0, \pm 1, \pm 2, \cdots . \tag{4.10.2}$$

となる．ここで，右辺の $n=0$ はスリット左側の平面波と同じ波面から生じた 2 次波が，$n=\pm 1$ は 1 波長分前後した波面から生じた 2 次波が，それぞれ強め合っていることを意味している．一般に n 波長分前後した波面から生じた 2 次波が重なり，互いに強め合って形成される新しい光の波を $\boldsymbol{n}$**次回折線**と呼ぶ．

C. 回折格子の分解能

いま，n 次回折線により波長 λ と $\lambda + \Delta\lambda$ の光を観察することを考える．このとき (4.10.2) 式より，

$$\begin{aligned} d\sin\theta_n &= n\lambda \\ d\sin(\theta_n + \Delta\theta_n) &= n(\lambda + \Delta\lambda) \end{aligned} \tag{4.10.3}$$

が成り立つ．この 2 式の，それぞれ右辺と左辺の差をとれば，

$$\begin{aligned} n\Delta\lambda &= d\,\frac{\sin(\theta_n + \Delta\theta_n) - \sin\theta_n}{\Delta\theta_n}\Delta\theta_n \\ &\approx d\cos\theta_n \Delta\theta_n \end{aligned} \tag{4.10.4}$$

となり，このときの回折角の変化は，

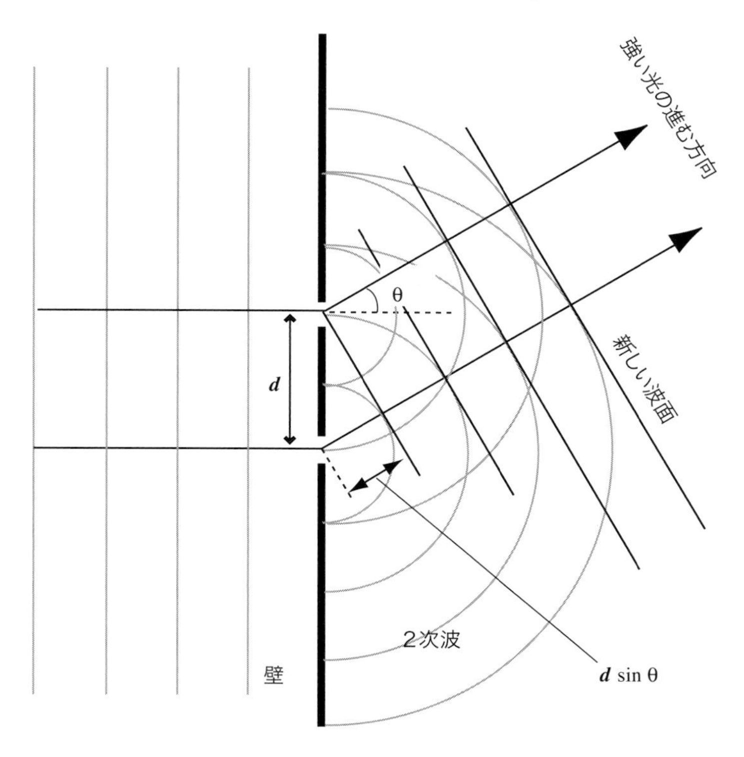

図 4.10.6　光 (波) の干渉．$d\sin\theta = n\lambda$ (この場合 $n = 1$) を満たす特定の方向 θ に強い光が観測される

$$\Delta\theta_n = \frac{n\Delta\lambda}{d\cos\theta_n} \tag{4.10.5}$$

で与えられる．例えば，1 次回折線と 2 次回折線を比べると $\theta_1 < \theta_2$ となり，$\cos\theta_1 > \cos\theta_2$ の関係があるので，

$$\Delta\theta_2 > \Delta\theta_1 \tag{4.10.6}$$

となり，2 次回折線の方が 1 次回折線より角度の差が大きく，接近した波長の光を分離しやすいことが分かる．

実際の回折格子は，図 4.10.5 に示したように多数のスリットからなり，回折線にわずかな幅（角度）がある．入射した光が照射しているスリットの本数を N とすると，(4.10.2) 式を満たす n 次回折線の幅 $\delta\theta_n$ は (4.10.2) 式と似た，

$$d\sin(\theta_n + \delta\theta_n) = \left(n + \frac{1}{N}\right)\lambda \tag{4.10.7}$$

から決まることが知られている．従って，強め合う条件 (4.10.2) 式，

$$d\sin(\theta_n + \delta\theta_n) = n(\lambda + \Delta\lambda) \tag{4.10.8}$$

を満たす波長 $\lambda + \Delta\lambda$ をもつ光を波長 λ の光から分離して観測することはできない．(4.10.7) 式，(4.10.8) 式の右辺を等しいとおけば，

$$\frac{\lambda}{\Delta\lambda} = nN \tag{4.10.9}$$

が導ける．この値のことを**回折格子の分解能**という．太い平行光で回折格子を照射すると分解能が大きくなり，小さい波長の差 $\Delta\lambda$ を見分けることができる．また回折の次数 n が大きいほど分解能が上がり，やはり 2 次回折線の方が 1 次回折線より，接近した波長の光を分離しやすいことが分かる．分解能を大きくするために，分光計のコリメーターはスリットと凸レンズを使って太い入射光を作っている．

4.11 電気回路の測定

4.11.1 目 的

抵抗だけで作られた回路 (R 回路)，抵抗とコンデンサーを直列に接続した回路 (RC 回路) の特徴を理解するとともに，テスターの使い方を学ぶ．

4.11.2 原 理

A. R 回路の電流，電圧の測定

図 4.11.1 のように，固定抵抗 R に直流電源，電流計および電圧計を接続し，電源の起電力 V [V] を変えていくと，抵抗に加わる電圧 V と電流 I [A] は比例関係を示す．比例定数を $R\,[\Omega]$ とすると，次のオーム（Ohm）の法則，

$$V = RI \tag{4.11.1}$$

が成り立つ．比例定数 R を，この固定抵抗の抵抗値と呼ぶ．

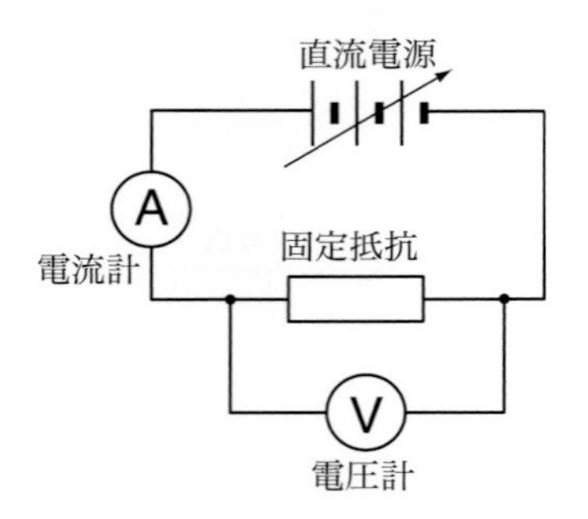

図 4.11.1 R 回路の測定

B. RC 回路の充電過程の測定

図 4.11.2 のように，抵抗値 R の固定抵抗，静電容量 C[F] のコンデンサーで構成された RC 直列回路に，起電力 V_0 の直流電源を時刻 $t = 0$ に接続して充電を開始すると，コンデンサーの端子電圧 V は次式で表せる．

$$V = V_0 \left(1 - \mathrm{e}^{-\frac{t}{RC}}\right) \tag{4.11.2}$$

ここで t[s] は，充電開始からの時間経過を示している．

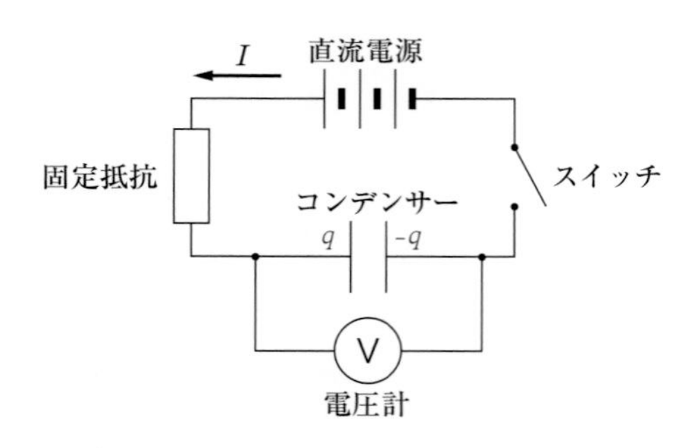

図 4.11.2 RC 回路の測定

4.11.3　実験器具

固定抵抗，コンデンサー，テスター，直流電源，回路板，リード線，ストップウォッチ

テスターの使用方法

(1) 図 4.11.3 にテスターの外観を示す．先端が針状の赤色と黒色のリード線を**プローブ**と呼ぶ．赤色をテスターの＋極に，黒色を－極に差し込む．

(2) 直流電圧を測る際には，レンジ切替つまみを DC V，交流電圧では AC V に合わせる．図 4.11.4 に示すように，プローブを電圧を測定したい部位へ並列となるように，接触させる．直流電圧を測るとき，プローブの赤色を電圧の高いと思われる部位に，黒色を低いと思われる部位に接触させる．

(3) 直流電流を測る際には，レンジ切替つまみを DC A，交流電流では AC A に合わせる．図 4.11.5(a) に示すように，プローブを電流を測定したい部位へ直列となるように，接触させる．直流電流を測るときも，プローブの赤色を電圧の高いと思われる部位に，黒色を低いと思われる部位に接触させる．

(4) 抵抗値を測る際には，レンジ切替つまみを抵抗に合わせる．図 4.11.5(b) に示すように，プローブを測りたい抵抗の両端に接触させる．

(5) 測定が終了したら，プローブを回路から外し，電源を OFF にする．

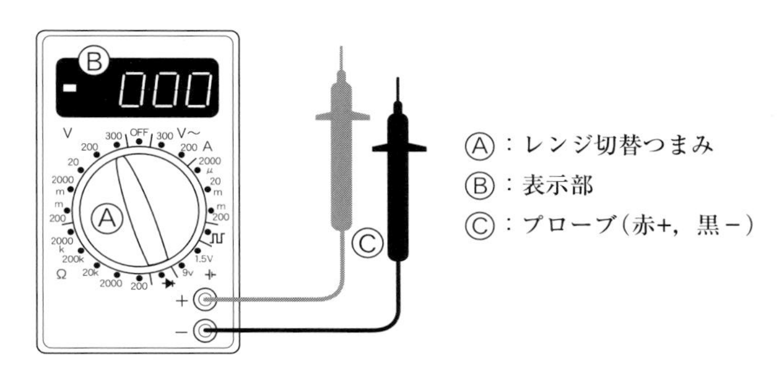

図 4.11.3　テスターの外観

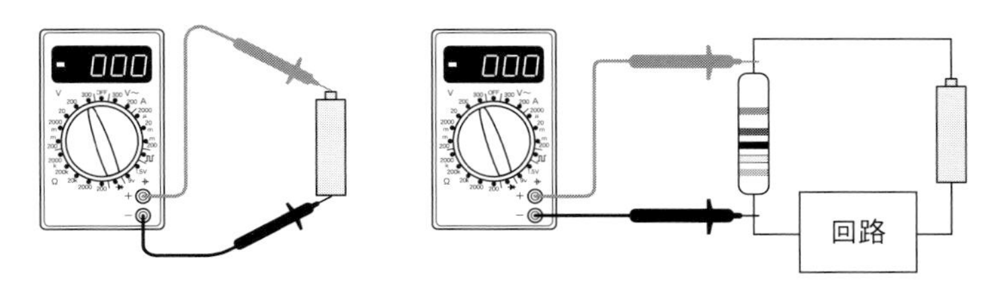

図 4.11.4　テスターを用いた電圧の測定

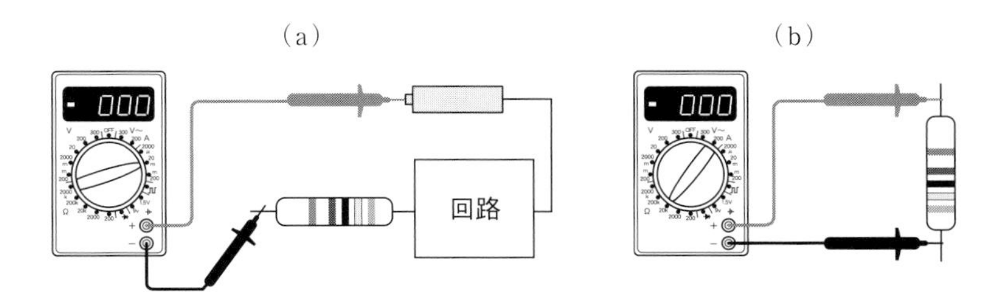

図 4.11.5　テスターを用いた (a) 電流の測定法と (b) 抵抗の測定法

4.11.4　実験方法

A. R 回路の電流，電圧の測定

(1) 図 4.11.1 の回路を組み，電源の起電力を 1.5 V，3.0 V，4.5 V. . . と変えたときに，抵抗に加わる電圧 V と抵抗を流れる電流 I を測定し，横軸に電圧 V，縦軸に電流 I のグラフを作成する．

(2) 作成したグラフの傾き I/V [A/V] は，(4.11.1) 式と比べると抵抗の逆数であることが分かる．この傾きの逆数を計算して，抵抗の抵抗値を求める．

B. RC 回路の充電過程の測定

(1) 電池の起電力 V_0 を測定する．

(2) 図 4.11.2 の回路を組み，電池を接続してから 1 分，2 分，3 分・・・15 分のコンデンサーに加わる電圧 V を測定し，横軸に接続してからの時間 t，縦軸に電圧 V のグラフを作成する．

(3) 片対数グラフで，線形軸に時間 t [s]，対数軸に $\dfrac{V_0 - V}{V_0}$ のグラフを作成する．

(4) 作成した片対数グラフから $\log_{10}\{(V_0 - 0.63V_0)/V_0\}$ となる時間を読み取る．抵抗の抵抗値とコンデンサーの静電容量の積 RC [s] を計算し，グラフからの読み取り値と比較を行う．

4.11.5　課　題

(1) R 回路の電流，電圧の測定で得られた結果を表計算ソフトに入力してグラフを作成せよ．また，作成したグラフを解析して抵抗値を計算せよ．

(2) RC 回路の充電過程の測定で得られた結果を片対数グラフにプロットせよ．同様に，表計算ソフトにも入力してグラフを作成し，その解析から時定数を計算せよ．

4.11.6　実験結果のまとめ方

電流 I と電圧 V の関係

電圧 V(V)	電流 I(mA)
1.50	
3.00	
4.50	
・	
・	
・	

充電電圧 V と経過時間 t の関係

時間 t(min)	電圧 V(V)
1.0	
2.0	
3.0	
4.0	
・	
・	
15.0	

4.11.7　APPENDIX

【RC 回路の時定数】

電荷が蓄えられていない静電容量 C のコンデンサー，抵抗値 R の抵抗，起電力 V_0 の直流電源およびスイッチを用いて，図 4.11.2 の回路を組む．時刻 $t=0$ にスイッチをオンにすると，回路内に電荷の移動が生じ，電流が流れる．回路を図 4.11.2 の矢印の方向に流れる電流を I，コンデンサーに蓄えられた電荷量が q，$-q$ のとき，それぞれの素子での電圧降下は，

$$V_{\mathrm{R}} = IR \tag{4.11.3}$$

$$V_{\mathrm{C}} = \frac{q}{C} \tag{4.11.4}$$

となる．このとき，回路素子全体での電圧降下量は電源の起電力と一致するので，

$$V_0 = IR + \frac{q}{C} \tag{4.11.5}$$

となる．電流は，$I = dq/dt$ と書けるので，次の方程式が得られる．

$$\int \frac{dq}{CV_0 - q} = \frac{1}{RC}\int dt \tag{4.11.6}$$

t=0 での初期条件を q=0 と与えると，(4.11.2) 式が得られる．

(4.11.2) 式から分かるように，コンデンサーの端子電圧はコンデンサーの静電容量や回路中の抵抗値に依らず，$t \to \infty$ で $V = V_0$ となる．いい換えれば，∞ の充電時間で充電が完了するといえるが，これは実用的な充電時間とはいえない．そこで充電時間の目安となる時間（**時定数**）を導入する．時定数 τ [s] を，$\tau = RC$ と定義する．(4.11.2) 式で時間が $t = \tau$ となるとき，コンデンサーの端子電圧は，およそ $V(t) = V_0(1 - e^{-1}) = V_0(1 - 2.7^{-1}) = 0.63V_0$ となる．従って，起電力の約 63%が充電された時間が時定数となる．もし R = 420 Ω，C = 1 F の RC 回路に V_0 = 3.2 V の起電圧を加えた場合，その 63%である $0.63V_0 = 2.0$ V となる時間が時定数となる．コンデンサーの端子電圧と充電時間の関係は，(4.11.2) 式のように指数関数となるので，両辺の常用対数をとると，

$$\begin{aligned} \frac{V_0 - V}{V_0} &= e^{-\frac{t}{\tau}} \\ \log_{10}\left(\frac{V_0 - V}{V_0}\right) &= \log_{10} e^{-\frac{t}{\tau}} \\ &= -\left(\frac{1}{\tau}\log_{10} e\right) t \end{aligned} \tag{4.11.7}$$

となり，$\log_{10}\left(\frac{V_0 - V}{V_0}\right)$ は t の一次関数となる．そこで $\log_{10}\left(\frac{V_0 - 0.63V_0}{V_0}\right)$ となる時間 τ をグラフから求めれば，時定数が得られる．

4.12 電位分布の測定

4.12.1 目 的

帯電した金属の周囲に生じる電位の分布を測定するとともに，テスターと電源の使い方を学ぶ．

4.12.2 原 理

異なる物体をこすり合わせると，電気が発生することは古くから知られていた．この電気には正と負があり，同種の電気を帯びた物体は反発し，異種の電気を帯びた物体は引き合う性質をもつ．このような電気の量を**電気量**と呼び，電気量をもつ粒子を**電荷**と呼ぶ．真空中に電気量 q[C]，q'[C] の 2 つの点電荷が距離 r[m] 離れて置かれたとき，両電荷には大きさが，

$$F = \frac{1}{4\pi\varepsilon_0}\frac{|qq'|}{r^2} \tag{4.12.1}$$

のクーロン力 $\vec{F}$[N] が作用する．このクーロン力は，点電荷の電気量が異符号の場合には引力として，同符号の場合には斥力として振る舞う．ここで ε_0 [F/m] は真空の誘電率を示している．いま，真空中に電気量 q の点電荷を固定し，その周囲に電気量 q' の試験電荷を置く．この試験電荷には固定された点電荷からクーロン力が作用しており，その系での電気ポテンシャルエネルギーを考えることができる．試験電荷の配置が初期状態 i から終状態 f に変化するとき，電気ポテンシャルエネルギーの変化 ΔU[J] は，

$$\Delta U = U_f - U_i = -W \tag{4.12.2}$$

という式により，i から f まで移動する間にクーロン力がする仕事 W から計算される．試験電荷の電気ポテンシャルエネルギーは，電気量に依存するため，電気量 q' に依存しない量として，電位差 ΔV[V] を，

$$\Delta V = V_f - V_i = \frac{\Delta U}{q'} = -\frac{W}{q'} \tag{4.12.3}$$

のように定義する．仕事 W[J] は $\int_i^f \vec{F}\cdot d\vec{r}$ から得られるので，固定された点電荷の周囲の電位差は，

$$\Delta V = -\frac{1}{q'}\int_i^f \vec{F}\cdot d\vec{r} = -\frac{1}{4\pi\varepsilon_0}\int_i^f \frac{q}{r^2}dr \tag{4.12.4}$$

と得られる．無限遠を電位の基準 $V_f = 0$ にとることで，電気量 q の電荷から距離 R だけ離れた位置での電位 V が得られる．

$$0 - V = -\frac{1}{4\pi\varepsilon_0}\int_R^\infty \frac{q}{r^2}dr = -\frac{q}{4\pi\varepsilon_0 R} \tag{4.12.5}$$

$$V = \frac{q}{4\pi\varepsilon_0 R} \tag{4.12.6}$$

また，高さが h で中心が一致した外径 a の内円筒と，内径 b の外円筒の金属対が，それぞれを $+q$，$-q$ に帯電している．このとき，内円筒の中心からの距離を r とすると，内円筒から外円筒に向かって，

$$E = \frac{q}{2\pi\varepsilon_0 hr} \tag{4.12.7}$$

の大きさの電場が生じる．従って，内円筒と外円筒の間の電位差は，外円筒を電位の基準に取ることで，円筒の中心から距離 R だけ離れた位置での電位が得られる．

$$\Delta V = -\int_i^f \vec{E}\cdot d\vec{r} = -\int_i^f \frac{q}{2\pi\varepsilon_0 hr}dr = -\frac{q}{2\pi\varepsilon_0 h}\int_b^R \frac{dr}{r} \tag{4.12.8}$$

$$V(r) = \frac{q}{2\pi\varepsilon_0 h}\ln\frac{b}{R} \tag{4.12.9}$$ [1]

[1] ここで，$\log_e$ を ln と書いた．

4.12.3 実験器具

直流電源，テスター，水槽，目盛板

4.12.4 実験方法

(1) 水槽の底に目盛板を置き，目盛板が浸かる程度に水を入れる．

(2) 直流電源を用いて，図 4.12.1(a) の回路を組む．電源の起電力を 12 V にする．

(3) テスターの黒いプローブを電源の－端子に接続する．

(4) 点 OA 間で，点 O からの距離 x が 0.5 cm，1.0 cm，1.5 cm，・・・の位置にプローブを浸けて，グラウンドに対する電位差 V を測定する．横軸に距離 x，縦軸に電位差 V のグラフを作成する．

(5) 直流電源を用いて，図 4.12.1(b) の回路を組む．2 つの電源の起電力をそれぞれ 12 V にする．

(6) 縦横 2 cm おきに赤いプローブを浸けて，電位を測定し，電位分布を調べる．

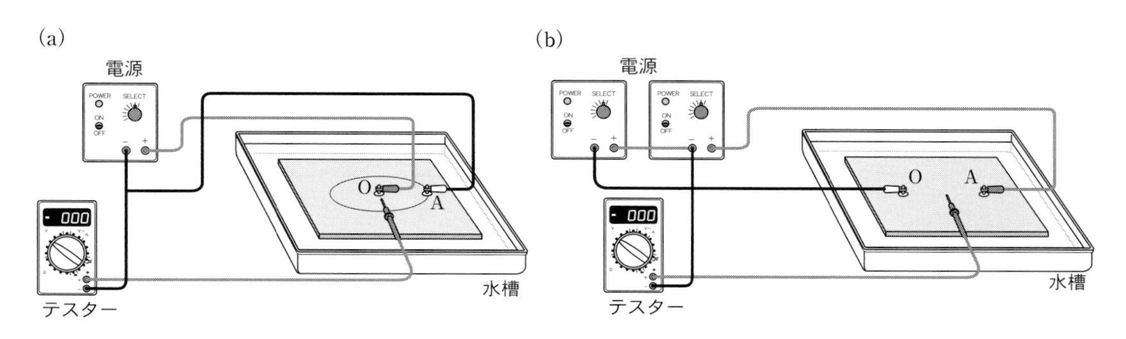

図 4.12.1 実験装置の配置図

4.12.5 課 題

(1) 得られた位置と電位差の関係を表計算ソフトに入力し，電位分布の等高線グラフを作成せよ．

4.12.6 実験結果のまとめ方

プローブの位置と電圧 V の関係

位置 x (cm)	電圧 V (V)
0.5	
1.0	
1.5	
2.0	
・	
・	
・	
10	

プローブの位置と電圧の関係

		位置 x (cm)						
		0	2.0	・	・	・	28.0	30.0
位置 y (cm)	0							
	2.0							
	・							
	・							
	・							
	24.0							
	26.0							

4.12.7 APPENDIX

【電場と電位】

空間に電気量 q_1 の電荷が固定されており，その電荷の周囲に電気量 q_2 の電荷を置くと，電荷間にはクーロンの法則に従う引力あるいは斥力が生じる．この作用は，電荷の周囲には大きさと方向をもつ電場が空間に生じており，q_2 が離れた位置にある q_1 からではなく，電場から力を受けると考えることができる．電場は，次のように定義する．真空中に帯電した物体を固定し，その周囲に電気量 $q'(>0)$ の試験電荷を置く．この試験電荷には帯電した物体との間にクーロン力 $\vec{F}$ が作用するが，試験電荷の位置を変えながら，クーロン力を測定していく．試験電荷の位置が点 P での電場ベクトル $\vec{E}$ [N/C] を次式のように定義する．

$$\vec{E} = \frac{\vec{F}}{q'} \tag{4.12.10}$$

電場の大きさ E は $E = F/q'$ で，試験電荷の電気量の大きさで規格化されている．また，点 P での電場 $\vec{E}$ の向きは，試験電荷が帯電した物体から離れる向きである．帯電した物体が電気量 q をもつ点電荷であるとし，固定された電荷と試験電荷の間の距離を r とすると，電荷間に生じるクーロン力の大きさは，(4.12.1) 式であるので，試験電荷の位置の電場の大きさは，

$$E = \frac{F}{q'} = \frac{1}{4\pi\varepsilon_0}\frac{|q|}{r^2} \tag{4.12.11}$$

と求められる．次に，帯電した物体の周囲の任意の点 i から f まで試験電荷を移動させる間に，クーロン力が行う仕事を考える．経路上のどの位置でも，試験電荷が微小変位 $d\vec{s}$ を移動する間に，クーロン力 $\vec{F} = q'\vec{E}$ が試験電荷に作用するので，その間に行われる仕事 dw は，

$$dw = \vec{F} \cdot d\vec{s} = q'\vec{E} \cdot d\vec{s} \tag{4.12.12}$$

である．試験電荷が点 i から点 f まで移動する間に行われる仕事は，微小変位 $d\vec{s}$ で行われる仕事の総和であるので，

$$W = \int_i^f q'\vec{E} \cdot d\vec{s} \tag{4.12.13}$$

となる．電位差 $\Delta V = \Delta U/q' = -W/q'$ を用いれば，

$$\Delta V = -\int_i^f q'\vec{E} \cdot d\vec{s} \tag{4.12.14}$$

となり，任意の 2 点間の電位差は $\vec{E} \cdot d\vec{s}$ を区間 i から f まで試験電荷の軌道に沿って積分した結果から得られることが分かる．

【ガウスの法則】

電気量 $+q$ の点電荷の周囲には，大きさが，

$$E = \frac{1}{4\pi\varepsilon_0}\frac{q}{r^2} \tag{4.12.15}$$

の電場が作られる．この電荷を，電荷を中心とした半径 R の球面で囲んだとすると，この球面上での電場の大きさと球の表面積の積は，

$$4\pi R^2 E = \frac{q}{\varepsilon_0} \tag{4.12.16}$$

となる．この関係式は，次のように流体の湧き出しと同じ結果となっている．いま，点電荷の位置から単位時間あたりに量が q/ε_0 の流体が湧き出し，放射状に流れていくとする．湧き出し口から距離 R の位置で，流体が速度 v で流れたとすれば，この球面上での流れの速さと球の表面積の積 $4\pi R^2 v$ は，単位時間当たりに流体が湧き出す量 ϕ と一致するので，

$$4\pi R^2 v = \phi \tag{4.12.17}$$

となる．これらの関係から，流体の流速と電場が対応関係にあると考えて良い．そこで，この考え方を，次のように一般化しよう．任意の形状の閉曲面（ガウス面と呼ぶ）を通過する電場 E について，その法線成分 E_n をガウス面について積分する．このとき，ガウス面内に電気量 q があれば，

$$\int E_n dS = \frac{q}{\varepsilon_0} \tag{4.12.18}$$

となり，ガウス面内に電荷がなければ，

$$\int E_n dS = 0 \tag{4.12.19}$$

となる．(4.12.18)，(4.12.19) 式の関係を**ガウスの法則**と呼ぶ．(4.12.19) 式は，閉曲面内に流体の湧き出しがない場合に対応する．

ガウスの法則の例として，高さが h で外径 a の内円筒と，内径 b の外円筒の中心を一致させ，それぞれに電気量 $+q$，$-q$ を与えた同軸円筒を考える．円筒間に生じる電場の向きはその半径方向に，大きさが $E(r)$ となる．電場を求めるために，帯電した円筒間に半径 r の円筒状のガウス面を考えると，ガウス面のどの位置でも電場はガウス面を垂直に通過するため，

$$\int E(r)dS = \frac{q}{\varepsilon_0} \tag{4.12.20}$$

となる．このとき，面積の積分に対する電場は定数として扱ってよいので，$\int E(r)dS = E(r)\int dS$ と書け，その積分の結果は半径 r の円筒の側面積となる．従って，円筒間に生じる電場の大きさは，

$$E(r)\,2\pi rh = \frac{q}{\varepsilon_0}$$
$$E(r) = \frac{q}{2\pi\varepsilon_0 hr} \tag{4.12.21}$$

となる．また，電気量 q' の試験電荷を外円筒の位置 $(r = b)$ から $r = R$ まで移動させたとすると，電位差 ΔV は，

$$\begin{aligned}\Delta V &= -\frac{1}{q'}\int_i^f F(r)dr = -\frac{1}{q'}\int_i^f E(r)dr \\ &= -\frac{q}{2\pi\varepsilon_0 h}\int_b^R \frac{dr}{r} = -\frac{q}{2\pi\varepsilon_0 h}[\ln r]_b^R = \frac{q}{2\pi\varepsilon_0 h}\ln\frac{b}{R}\end{aligned} \tag{4.12.22}$$

となる．$r = b$ の外円筒を電位の基準 $(V_{\mathrm{i}} = 0)$ とすると，

$$V - 0 = V(R) - 0 = \frac{q}{2\pi\varepsilon_0 h}\ln\frac{b}{R} \tag{4.12.23}$$

となり，R を任意の位置を表す r で書き直すと，

$$V(r) = \frac{q}{2\pi\varepsilon_0 h}\ln\frac{b}{r} \tag{4.12.24}$$

となる．この結果は，円筒間の電位は $\ln r^{-1}$ に対して比例関係となることを示す．

4.13 ホイートストンブリッジによる電気抵抗の測定

4.13.1 目 的

電気抵抗を精度良く測定可能な**零位法**の代表的な計測装置である**ホイートストンブリッジ**（Wheatstone bridge）の原理と測定方法を抵抗素子の測定を行うことで理解し，導線の**抵抗率**を求める．

4.13.2 原 理

A. ホイートストンブリッジによる抵抗の精密測定

電気抵抗 $R\,[\Omega]$ の導体の両端に生じている**電位差**（電圧）$V\,[\mathrm{V}]$ と，その導体を流れる電流 $I\,[\mathrm{A}]$ の間には，

$$V = RI \tag{4.13.1}$$

の関係がある（オームの法則）．従って，抵抗 R は，電圧計と電流計を用いて電位差 V と電流の大きさ I を測れば，

$$R = \frac{V}{I} \tag{4.13.2}$$

から求まる．しかし，この方法では電圧計，電流計の**内部抵抗**の影響を無視できない．そこで抵抗の精密測定ではホイートストンブリッジ (以下ブリッジ) を用いる．

図 4.13.1 はブリッジの原理図である．R_x は未知抵抗，R_1，R_2 は既知抵抗，R_s は可変抵抗，G は**検流計**である．スイッチ BA を入れ，次にスイッチ GA を入れても検流計の針の振れが 0 であるように R_s の値を調整する．このとき，抵抗 R_x と R_1 に流れる電流を I，R_s と R_2 に流れる電流を I' とすると，点 B と点 D は同電位なので，

$$IR_\mathrm{x} = I'R_\mathrm{s}, \quad IR_1 = I'R_2 \tag{4.13.3}$$

が成り立ち，これから電流を消去すれば，

$$R_\mathrm{x} = \frac{R_1}{R_2}R_\mathrm{s} \tag{4.13.4}$$

となり，R_s を読み取れば，それに既知抵抗の比 R_1/R_2 を掛ければ未知抵抗の値 R_x を知ることができる．このように，ブリッジによる抵抗測定は**零位法**であり（APPENDIX 参照），測定器の内部抵抗の影響を受けない．

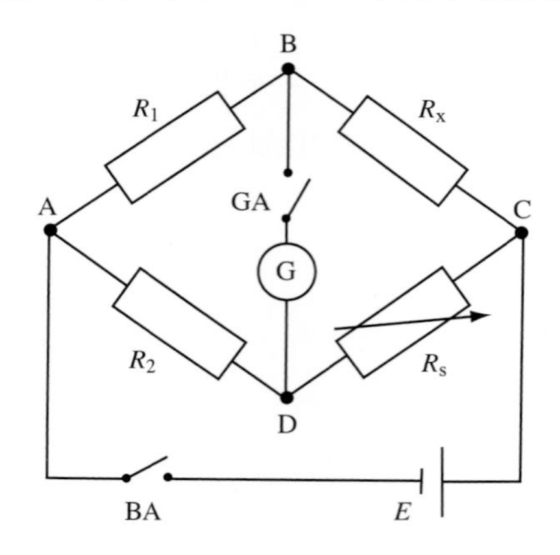

図 4.13.1 ホイートストンブリッジの原理図

B. 抵抗率の算出

導線の抵抗を $R\,[\Omega]$，長さを $l\,[\mathrm{m}]$，断面積を $S\,[\mathrm{m}^2]$ とすると，電流は l が長いほど流れにくく，S が大きいほど流れやすくなるため，

$$R = \rho\frac{l}{S} \tag{4.13.5}$$

という関係がある．この比例定数 $\rho\,[\Omega\cdot\mathrm{m}]$ を**抵抗率**[1]と呼ぶ．導線の断面が直径 $d\,[\mathrm{m}]$ の円ならば，断面積は，

$$S = \pi\left(\frac{d}{2}\right)^2 \tag{4.13.6}$$

であるから，抵抗率 $\rho\,[\Omega\cdot\mathrm{m}]$ は，

$$\rho = \frac{\pi d^2}{4l}R \tag{4.13.7}$$

から求めることができる．

4.13.3　使用器具

ホイートストンブリッジ，固定抵抗，試料導線（ニクロム線，マンガニン線），ノギス，マイクロメーター，テスター，配線用コード

【ホイートストンブリッジの使用上の注意点】

(1) 測定する試料の抵抗値の参考値を調べておく．

(2) 図 4.13.2 のように，回路を組み立てる．このとき試料や接続コードをしっかり締めておく．

(3) 倍率ダイヤル，測定辺ダイヤルを参考値にセットする．（実際の抵抗値と大きく異なると，検流計を壊すことがあるためである）．

(4) BA ボタンを押しながら，GA ボタンを瞬時押し（一瞬押して，すぐに離す）する．検流計の指示の振れる方向を見て，検流計の指示がプラスに振れた場合には測定辺ダイヤルを大きくし，マイナスに振れた場合には小さくし，指示をゼロにする．

(5) 長時間電流を流し続ける (BA，GA ボタンを押しっぱなしにする) と，内部の抵抗線に電流が流れ続けて発熱し，抵抗値が大きくなってしまう．GA ボタンの瞬時押しを徹底する必要がある．

4.13.4　実験方法

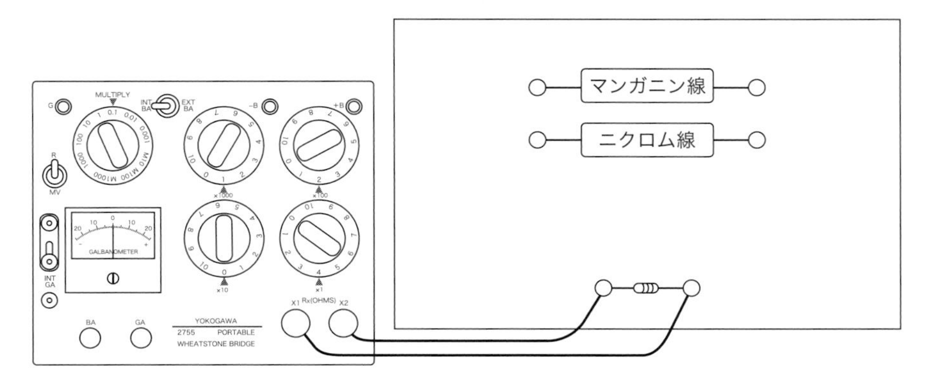

図 **4.13.2**　配線の様子

(1) 接続コードの抵抗値（参考値）を調べたのちに，ブリッジを用いて抵抗値を測定する．

(2) 接続コードと試料導線を端子間に張る．このとき，試料導線はたるまないようにピンと張る．

[1] 電気抵抗率，体積抵抗率，比抵抗とも呼ばれる．

(3) 試料導線の抵抗値（参考値）を調べたのちに，ブリッジを用いて抵抗値を測定する．

(4) (3) で測定した抵抗値は，試料導線と接続コードの合成抵抗となる．そこで (3) で測定した抵抗値から，(1) で測定した接続コードの抵抗値を引き，試料導線のみの抵抗値を求める．

(5) 試料導線の長さ l をノギスで数回測定する．次に，直径 d をマイクロメーターで数か所測定する．

(6) (4.13.7) 式を用いて試料導線の抵抗率を計算する．

(7) もう一方の導線の抵抗率も同様に求める．

4.13.5 課 題

(1) ホイートストンブリッジのように，零位法を利用している実験装置の例を1つ調べ，その原理を説明せよ．

4.13.6 実験結果のまとめ方

抵抗の測定

抵抗	参考値 (Ω)	R_s (Ω)	Multiply	R_x (Ω)
r_1				
r_2				
リード線1				
リード線2				
マンガニン				

針金の長さ l と直径 d の測定

測定回数	直径 d (mm)	長さ l (mm)
1		
2		
3		
4		
5		
平均		

4.13.7 APPENDIX

A. オームの法則

起電力 V [V] の電池に抵抗が結ばれた回路がある．このとき，回路を流れる電流 I [A] は，

$$I = \frac{V}{R} \tag{4.13.8}$$

となり，V に比例することが知られている．このときの定数 $R\,[\Omega]$ は，**電気抵抗**あるいは単に **抵抗**と呼ばれ，抵抗器や導線など，材料やサイズあるいはその温度によって様々な値をとる．抵抗の単位には Ω が使われ，オームと読む．

抵抗はサイズによって変わるので，材質に特有の物理量で表しておくと都合が良い．長さが l [m] で，一定の断面積 $S\,[\mathrm{m}^2]$ をもち，材質が一様な導線の抵抗 R は，

$$R = \rho\frac{l}{S} = \frac{1}{\sigma}\frac{l}{S} \tag{4.13.9}$$

のように書ける．このとき比例定数 $\rho\,[\Omega\cdot\mathrm{m}]$ を**抵抗率**，その逆数 $\sigma\,[\Omega^{-1}\cdot\mathrm{m}^{-1}]$ を**電気伝導率**といい，これらは導線サイズに依らず材質だけで決まる定数であることが知られている．このことと (4.13.9) 式から，導線の抵抗は長さに比例し，断面積に反比例する．

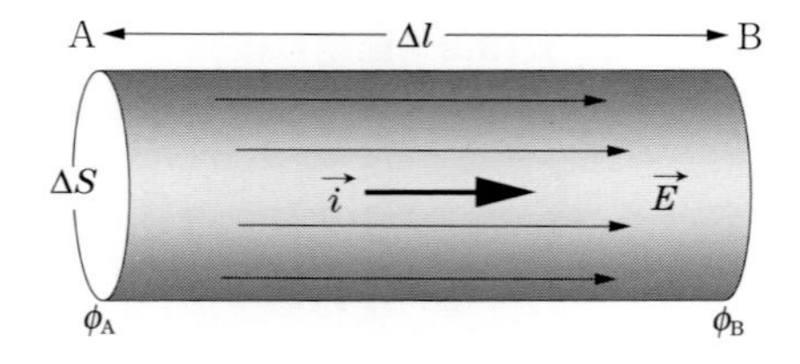

図 4.13.3 微小領域でのオームの法則

いま図 4.13.3 のような，電流が流れている導線の中の長さ Δl，断面積 ΔS の円柱状の微小領域を考える．微小

領域の両端での電位を ϕ_A，ϕ_B とすると，AB 間にかかる電圧は $\Delta\phi = \phi_A - \phi_B$ である．また，この領域の単位面積当たりの**電流密度**の大きさを $i\,[\mathrm{A/m^2}]$ とすれば，この微小領域での**オーム**（Ohm）**の法則**は，

$$i\Delta S = \frac{\Delta\phi}{R} \tag{4.13.10}$$

と書ける．これと (4.13.9) 式から，

$$i\Delta S = \sigma\frac{\Delta\phi}{\Delta l}\Delta S = \sigma E\Delta S \tag{4.13.11}$$

と書ける．ここで $E = \Delta\phi/\Delta l\,[\mathrm{V/m}]$ はこの微小領域での電場の大きさである．右辺と左辺を比較すれば，

$$i = \sigma E \tag{4.13.12}$$

となる．これは微視的な形でのオームの法則で，この法則が空間の各位置で成り立っている．

B．キルヒホフの法則

複数の導線や抵抗がつながった回路を流れる電流を考える．2 本以上の導線がつながった点を考えると，電流を運ぶ電荷が消滅することはないので，その点での電流の出入りで電流が消滅することはなく，出と入りの電流は等しいはずである．

一方，オームの法則（(4.13.8) 式）は，「$R\,[\Omega]$ の抵抗に電流 $I\,[\mathrm{A}]$ が流れるとその間に電圧が $V\,[\mathrm{V}]$ 下がる」と解釈することができる．これを電圧降下という．これは抵抗を通過することで，電源の起電力から受けた電荷のもつエネルギーが失われて，エネルギーが元に戻ったと解釈できる．回路の中に複数の電源と抵抗が含まれても，その中の 1 つひとつの経路に対して，同じように抵抗での電圧降下を考えれば，最終的には元に戻っているはずである．

以上の 2 つの事実をまとめたものがキルヒホフ（Kirchhoff）の法則で，以下の 2 つの法則からなる．

キルヒホフの第一法則：

回路中の任意の点に流入し，あるいは流出する電流の総和はゼロである．

図 4.13.4 の例では，電流の方向を図の矢印のように取り，流入する電流を正，流出する電流に負の符号を付けると，点 P におけるキルヒホフの第一法則は，

$$I_1 + I_2 - I_3 = 0$$

となる．同様に Q 点では，

$$-I_2 + I_3 - I_4 = 0$$

となり，従って $I_1 = I_4$ となる．

キルヒホフの第二法則：

回路中の任意の閉じた経路に沿って 1 周するとき，起電力の総和と電圧降下の総和は等しい．

図 4.13.4 の例では，中央の四辺形を図の矢印に沿って反時計回りに 1 周する．2 つの電源の電圧の向きは経路の方向と逆で符号は負．電流の方向は等しく，それによる電圧降下は正となり，

$$-V_2 + I_3R_3 - V_3 + I_2R_2 = 0$$

となる．

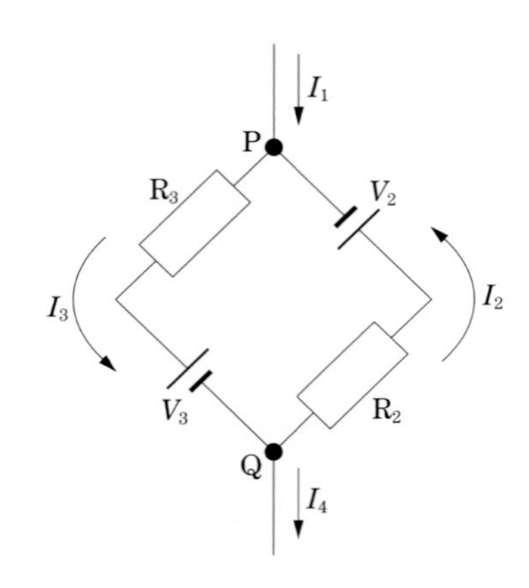

図 4.13.4　キルヒホフの法則の適用例

C. 偏位法と零位法

計測の基本的な方式は，大きく**偏位法**と**零位法**の 2 つの方法に分けられる．偏位法（deflection method）とは，被測定量に比例した指針の振れや指標の動きによって測定する方式である．長期の使用での，ばね定数や電子素子の性質の変化，電圧計のもつ**内部抵抗**により不確かさをもつ．また，この方法では計測器の目盛数が 100 程度であり，1 目盛の 1/10 まで目測しても，たかだか 3 桁の精度しか得られない．この方法は，計測時間が短く測定が簡単であるという特長があるが，精度の点では問題がある．

零位法（zero method），または**一致法**（coincidence method）とは，ゼロ点の上下近傍だけに目盛をもつ計測器を用い，未知量と正確な標準との一致点を見つける測定法である．てんびんや電位差計での計測がこれにあたる．このときの標準は，それぞれ分銅と基準電圧電源あるいは標準電池である．この方法は標準の正確さで測定精度が決まり，高い精度の測定ができるという特長をもつが，偏移法では不要な標準が必要となることが欠点である．

零位法の差量検出装置の代わりに偏位形の計測器として，平衡点前後でのわずかに片寄った目盛を読み取ることも可能である．このような偏位法と零位法を組み合わせた手法を**補償法**（compensation method）という．

D. 可動コイル型計器

磁界（磁場）中に置かれた導線に電流を流すと**電磁力**（フレミングの左手の法則）に従って導線は磁界から力を受ける．この原理を利用して直流電流を測る計器を**可動コイル型計器**という．

図 4.13.5 (a) のように磁極 N，S を向き合わせに置いた永久磁石によってできる磁界中に長方形の可動コイルが，図 4.13.5 (b) のようにトート（スパン）バンドと呼ばれる金属で支持されている．

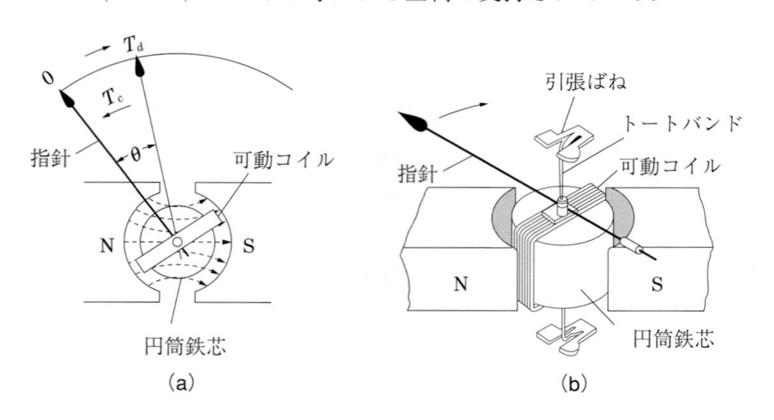

図 4.13.5　可動コイル型計器

コイルに電流 I を流すと，コイルは電流に比例した力のモーメント（トルク）$T_d = k_1 I$（k_1 は比例定数）を受ける．一方，トートバンドはコイルの回転角 θ に比例した力のモーメント（トルク）$T_c = k_2\theta$（k_2 は比例定数）でコイルを引き戻す．この2つの力が釣り合ったところで可動コイルが静止するから，このときの指針の示す角度を読めば $T_c = T_d$ を解いて，

$$I = \frac{k_2}{k_1}\theta \tag{4.13.13}$$

から電流の大きさを知ることができる．これが可動コイル型の**電流計**の原理である．この原理から電流計を使った計測は偏位法である．

しかし，このままでは測れる電流の範囲が限られる．そこで，図 4.13.6(a) のようにこの電流計に並列に抵抗を入れ，電流計に流れる電流が常にある範囲に入るようにしておけば，より広い範囲の電流をこの方式で測ることができる．このとき並列に入れる抵抗を**分流器**という．

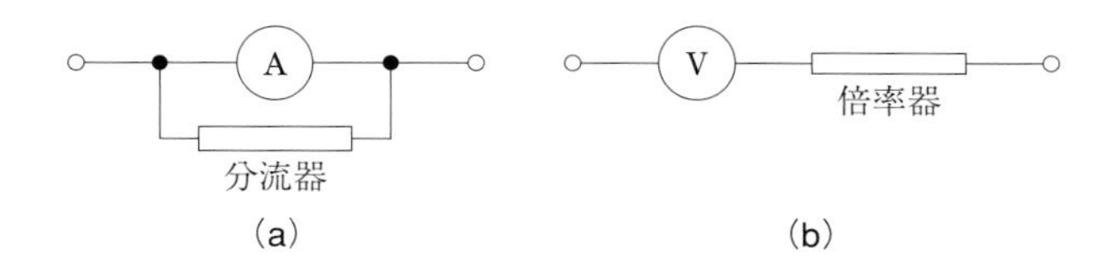

図 4.13.6　(a) 電流計の分流器と (b) 電圧計の倍率器

電流計の内部抵抗を r_a，分流器の抵抗を R_s とし，電流を I，電流計に流れる電流を I_a，分流器に流れる電流を I_s とすれば，

$$I_\mathrm{a} r_\mathrm{a} = I_\mathrm{s} R_\mathrm{s} = (I - I_\mathrm{a}) R_\mathrm{s} \tag{4.13.14}$$

となるから，実際の電流 I は電流計に流れる電流 I_a の，

$$n = \frac{I}{I_\mathrm{a}} = 1 + \frac{r_\mathrm{a}}{R_\mathrm{s}} \tag{4.13.15}$$

倍となる．測定された電流の n 倍が実際の電流になるので，この n を分流器の倍率という．

このとき電流と電圧との関係から，電流計にかかる電圧が，

$$V_\mathrm{a} = r_\mathrm{a} I_\mathrm{a} \tag{4.13.16}$$

から読み取れる．そこで，この電流計は**電圧計**としても使えることが分かる．電流計は回路に直列に入れるので実際の電流を測るが，電圧計は回路に並列に入れるため，電圧計に流れる電流をなるべく小さくすることが望ましい．そのため，電圧計では内部抵抗 r_a を高くしている．

電流計と同様，電圧計で測定範囲を拡大するためには，今度は図 4.13.6(b) のようにこの電圧計に直列に抵抗を入れる．このとき直列に入れる抵抗を**倍率器**という．電圧計の内部抵抗を r_v，倍率器の抵抗を R_m とし，回路全体にかかる電圧を V，電圧計にかかる電圧を V_v とすれば，

$$\frac{V}{r_\mathrm{v} + R_\mathrm{m}} = \frac{V_\mathrm{v}}{r_\mathrm{v}} \tag{4.13.17}$$

となるから，実際の電圧 V は電圧計にかかる電圧 V_v の，

$$m = \frac{V}{V_\mathrm{v}} = 1 + \frac{R_\mathrm{m}}{r_\mathrm{v}} \tag{4.13.18}$$

倍となる．測定された電圧の m 倍が実際の電圧になるので，この m を倍率器の倍率という．

このように，電流計と基本的に同じ原理を使う電圧計を使った計測は偏位法であるが，実際には電圧計にも電流が並列に流れてしまうという欠点がさらにある．電流を並列に流さず，正確に電圧を知るには**電位差計**（ポテンシオメーター，potentiometer）を使う．

4.14　電子の比電荷の測定

4.14.1　目　的

一様な磁界（磁場）中では電子は**ローレンツ力**を受けて円軌道を描く．**ヘルムホルツコイル**で作られた一様な磁界中での電子の円軌道の直径から**比電荷**e/m を求める．

4.14.2　原　理

図 4.14.1 のように，紙面裏面から表面に向かう磁束密度 B [T] の一様な磁界へ，その磁界の向きに対して垂直な方向に速度 v [m/s] の電子が入射すると，電子には大きさ，

$$f = evB \tag{4.14.1}$$

の**ローレンツ力**が働く．

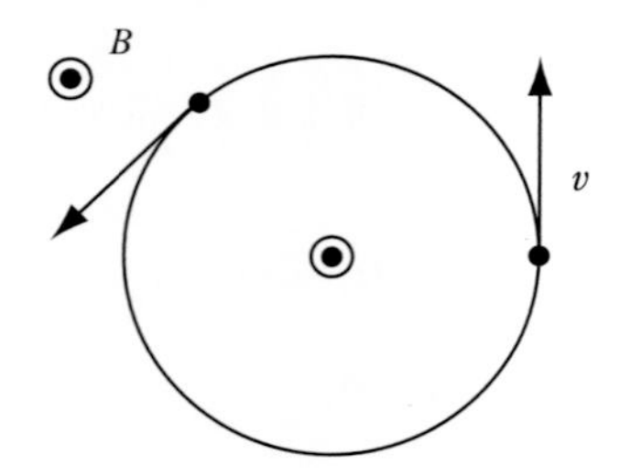

図 4.14.1　一様な磁界中での電子の円軌道（電子の電荷は負であることに注意）

これが向心力となるので，運動方程式，

$$m\frac{v^2}{r} = evB \tag{4.14.2}$$

より，電子は図 4.14.1 のような半径，

$$r = \frac{mv}{eB} \tag{4.14.3}$$

の円軌道を描く．ここで m [kg] は電子の質量である．また電子の速度 v は，**電子銃**での電子の加速電圧を V [V] とすると，

$$eV = \frac{1}{2}mv^2 \tag{4.14.4}$$

で与えられるから，(4.14.3) 式，(4.14.4) 式から v を消去すると，円軌道の半径は，

$$r = \sqrt{\frac{2V}{(e/m)}}\frac{1}{B} \tag{4.14.5}$$

となる．そこで，電子の円軌道の直径 $D = 2\,r$ の 2 乗を加速電圧 V に対してプロットすれば，

$$D^2 = \frac{8}{B^2\,(e/m)}V \tag{4.14.6}$$

の直線となる．従って，この直線，

$$D^2 = a_1V \quad (y = a_1x) \tag{4.14.7}$$

の傾き a_1 を決め，磁束密度 B が分かれば，電子の**比電荷** e/m を，

$$\frac{e}{m} = \frac{8}{B^2a_1} \tag{4.14.8}$$

から決めることができる[1].

磁束密度[2]B [T] は，ヘルムホルツコイルに流すコイル電流 I [A] で決まる．ヘルムホルツコイルは，図 4.14.2 のように巻き数 n，半径 R の 2 つの同形の円形コイルを，同一中心軸上にコイルの半径と同じ距離 R 離して平行に置いたもので，中心軸上のコイルの中点付近に一様な磁界を作ることができる．

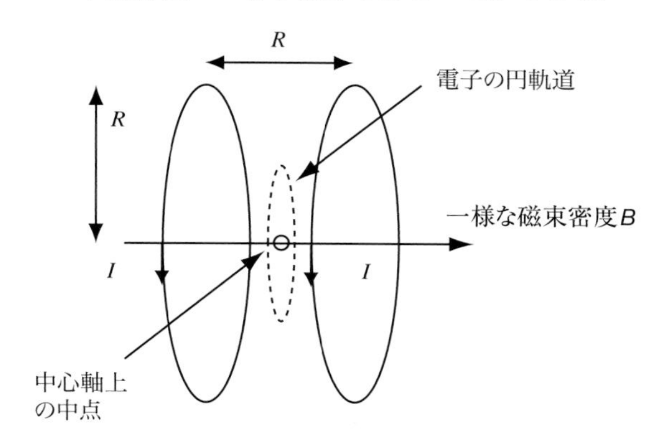

図 **4.14.2**　ヘルムホルツコイル

このコイルに電流 I を流すと，中心軸上の両コイルの中点での磁束密度は，中心軸方向に一様で，その大きさは，

$$B = \mu_0 \left(\frac{4}{5}\right)^{3/2} \frac{nI}{R} \tag{4.14.9}$$

で与えられる．ここで，μ_0 [H/m] は真空の透磁率を示している．また，この大きさは両コイルの中点に垂直な面内ではほぼ一定である（p.101 参照）.

この実験装置のヘルムホルツコイルは $n = 130$，$R = 0.150\,\mathrm{m}$ なので，磁束密度は，

$$B = (7.793 \times 10^{-4}\,\mathrm{T/A})I \tag{4.14.10}$$

となる．そこで，コイル電流 I を一定として磁束密度 B の大きさを固定し，加速電圧 V を変えながら電子の円軌道の直径 D を測定し，V に対して D^2 をプロットすれば直線 (4.14.7) 式が得られ，その傾き a_1 と (4.14.10) 式から計算した B の値から (4.14.8) 式を使い電子の比電荷 e/m を求めることができる．

4.14.3　使用器具

電子の比電荷測定器，直流安定化電源，直流電流計 (デジタルマルチメーター)，直流電圧計 (デジタルマルチメーター)

【直流安定化電源の使い方】

(1) OUTPUT スイッチオフにし，CURRENT，VOLTAGE つまみとも左にいっぱいまで回していって，出力が 0 になっていることを確認し，POWER スイッチをオンにする．

(2) OUTPUT スイッチをオンにする．

(3) VOLTAGE つまみを右いっぱいに回す．

(4) CURRENT つまみをゆっくり回し，目的の電流に合わせる．このとき定電流源として働いていることを示す，CC というランプが点灯していることを確認すること．

[1] この実験で使う電子の比電荷測定器では，ヘルムホルツコイルにより一様な磁界を作り，電子銃で電子を加速して円運動を起こさせる．円運動する電子が管球に封じ込められたヘリウムと衝突すると，ヘリウムが励起状態になる．ヘリウムが脱励起するときに可視光が発光されるので，電子の運動した軌跡を観測できる．

[2] 磁束密度の SI 単位は T（テスラ）である．

(5) 直流安定化電源に取り付けられた電流・電圧計の分解能は良くないので，必ずデジタルマルチメーターなどの計測器で読み取る．

4.14.4　実験方法

A. 実験準備

(1) 図 4.14.3 に従い，比電荷測定器のコイル電源端子にコイルに流す電流を供給する直流安定化電源の出力，比電荷測定器のコイル電流モニター端子に直流電流計，加速電圧モニター端子には直流電圧計を接続する．

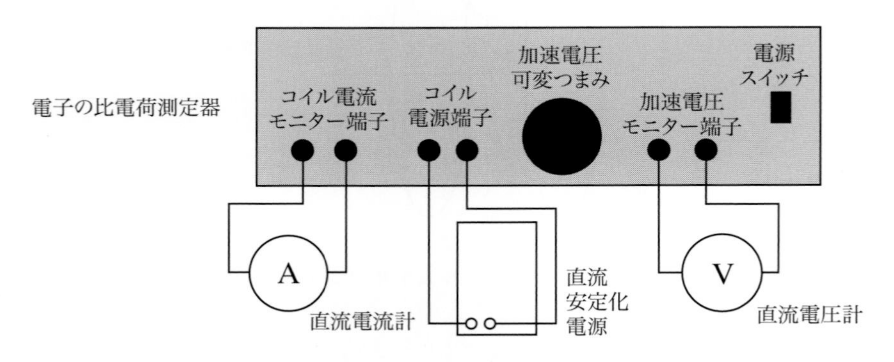

図 4.14.3　配線の様子

(2) 電流計のレンジは 10 A とし，電圧計のレンジは 600 V とする[1]．

(3) 直流安定化電源は CURRENT，VOLTAGE つまみともに全て左にいっぱいまで回して出力を 0 にしておき，OUTPUT スイッチ，POWER スイッチが両方ともオフ（押し込まれていない）であることを確認してからプラグをコンセントに挿し，POWER スイッチをオンにして電源を入れる．

(4) 直流電流計，直流電圧計として使う 2 台のデジタルマルチメーターの電源を入れる．

(5) 比電荷測定器も加速電圧可変つまみが左にいっぱいまで回っていて，電源スイッチがオフになっていることを確認し，プラグをコンセントに挿し，電源を入れる．

(6) このとき直流電圧計は 100 V 程度になる．電源を入れても直ぐには電子の軌跡は現れない．1 分程度待って電子の軌跡が現れることを確認する．

(7) 【直流安定化電源の使い方】を参照して，コイル電流を 1.0 A 程度にすると，電子軌道が徐々に曲がっていき，その後，円軌道になる．

B. 測　定

(1) 4.14.3 節【直流安定化電源の使い方】をよく読んでから，直流安定化電源から流すコイル電流を 1.2 A に設定する．

(2) 電子の加速電圧を比電荷測定器の加速電圧可変つまみで 100 V から 200 V まで 10 V ずつ変えながら，円軌道の直径を測定する．

(3) コイル電流を別の電流値に変えて同様に測定する．

[1] 接続する端子を間違えないように注意すること．デジタルマルチメーターの端子 COM はマイナスである．比電荷測定器側の端子は“赤がプラス”である．

【測定上の注意】

(1) 測定に先立ち，比電荷測定器の前面の黒いカバーを外し，中の目盛板（物差し）の 0 が電子銃（電子が放射されている位置）と一致しているか矢印の指標で確認する．一致していなければ，目盛板を固定しているねじをゆるめ，位置を調整する．固定したら以降，電流を変えても動かさない（練習課題「密度の測定」では物差しの左右の読みを測定し差をとったが，ここでは簡単のため右を固定する）．

(2) 電子のビームには幅があるが，ここではビームの直径の外側を読む．

(3) 直径を読み取るときは，矢印の指標の奥行きを利用し，さらに視線と電子ビームの軌道面が垂直になるように読み取る．**注：この読み取りを正確に行わないと良い結果が得られない．**

(4) 目盛板は 1 mm 間隔なので 0.1 mm の分解能で読み取る．

4.14.5　課　題

(1) 得られた加速電圧と軌道直径の 2 乗の関係を表計算ソフトに入力してグラフを作成せよ．また，作成したグラフを解析して電子の比電荷を計算せよ．

4.14.6　実験結果のまとめ方

電子の軌道直径の観測

加速電圧 V (V)	軌道直径 D (m)	D^2 (m²)
100		
110		
120		
130		
140		
150		
160		
170		
180		
190		
200		

4.14.7 APPENDIX

【ヘルムホルツコイルの作る磁界】

図 4.14.4 は 2 つのコイル面の中点がつくる面内におけるヘルムホルツコイルが作る磁束密度のコイルの軸方向の成分を示す．横軸はコイルの半径 R に対する中心軸からの距離 r の比 r/R，縦軸は (4.14.9) 式で計算される中点での磁束密度 B_0 に対する磁束密度の大きさ B の比 B/B_0 を表す．電子の円軌道が大きくなると，電子の受ける磁場は小さくなる．

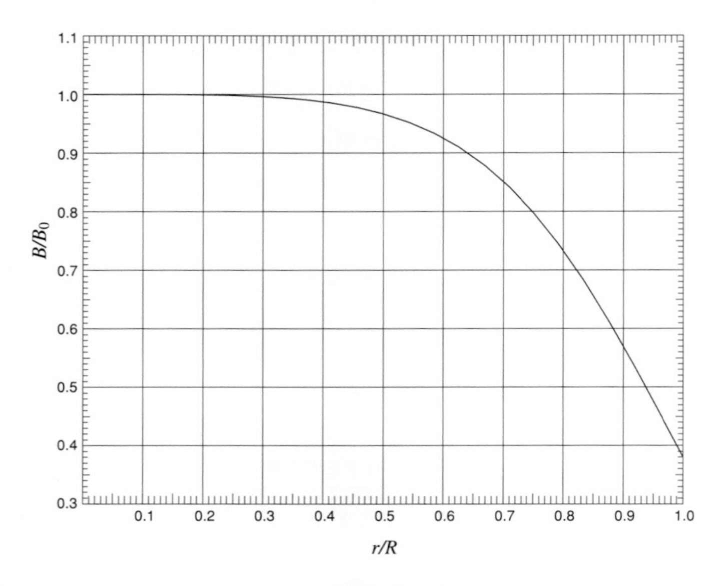

図 4.14.4　ヘルムホルツコイルの作る磁束密度——2 つのコイルの中心を通る軸の中点に垂直な面内で中心から離れると磁束密度は小さくなる．

【磁場中での電子の運動】

電場 $\vec{E}$ [N/C]，磁束密度 $\vec{B}$ [T] のある空間を速度 $\vec{v}$ [m/s] で運動する電荷 $-e$ をもつ電子には，以下の (4.14.11) 式で表される**ローレンツ**（Lorenz）**力**，

$$\vec{F} = -e(\vec{E} + \vec{v} \times \vec{B}) \tag{4.14.11}$$

が働く．特に電場 $\vec{E}$=0，磁束密度が z 方向に一様な $\vec{B} = (0, 0, B)$ で与えられる場合，ローレンツ力は x，y，z 方向の単位ベクトルを $\hat{i}$，$\hat{j}$，$\hat{k}$ として，

$$\vec{F} = -e \begin{vmatrix} \hat{i} & \hat{j} & \hat{k} \\ v_x & v_y & v_z \\ 0 & 0 & B \end{vmatrix} = -ev_y B\hat{i} + ev_x B\hat{j} \tag{4.14.12}$$

となって磁束と垂直な面内の x 成分と y 成分しか存在しない．従って，電子の質量を m とすると，電子の運動方程式，

$$m\frac{d\vec{v}}{dt} = \vec{F} \tag{4.14.13}$$

は，成分ごとには，

$$m\frac{dv_x}{dt} = -ev_y B \tag{4.14.14}$$

$$m\frac{dv_y}{dt} = +ev_x B \tag{4.14.15}$$

$$m\frac{dv_z}{dt} = 0 \tag{4.14.16}$$

のようになる．この (4.14.14) 式をさらに微分し (4.14.15) 式と組み合わせれば，微分方程式，

$$m\frac{d^2v_x}{dt^2} = -\frac{e^2B^2}{m}v_x \tag{4.14.17}$$

が得られ，v_y に対しても同様な式が得られる．これらは単振動の微分方程式なので，$t=0$ で $(v_x, v_y, v_z) = (0, v_0, 0)$ の初期条件で解くと，

$$v_x(t) = -v_0\sin\left(\frac{eB}{m}t\right) \tag{4.14.18}$$

$$v_y(t) = v_0\cos\left(\frac{eB}{m}t\right) \tag{4.14.19}$$

$$v_z(t) = 0 \tag{4.14.20}$$

となる．さらに $t=0$ で $(x, y, z) = (0, 0, 0)$ の初期条件で積分すれば，

$$x(t) = \frac{mv_0}{eB}\cos\left(\frac{eB}{m}t\right) - \frac{mv_0}{eB} \tag{4.14.21}$$

$$y(t) = \frac{mv_0}{eB}\sin\left(\frac{eB}{m}t\right) \tag{4.14.22}$$

$$z(t) = 0 \tag{4.14.23}$$

となる．この軌跡は，

$$\left(x(t) + \frac{mv_0}{eB}\right)^2 + y(t)^2 = \left(\frac{mv_0}{eB}\right)^2 \tag{4.14.24}$$

となり，電子は xy 平面内で中心 $(-mv_0/eB, 0, 0)$，半径，

$$r = \frac{mv_0}{eB} \tag{4.14.25}$$

の円軌道上を角振動数，

$$\omega = \frac{eB}{m} \tag{4.14.26}$$

の等速円運動をする．この半径 r を**ラーモア**（Larmor）**半径**という．

電子の比電荷測定器では，ヒーターで温められた極板から飛び出す電子をある電圧で加速して，電子の流れを作り出す**電子銃**を用いている．電子の初速度 v_0 は，加速するための電位差を V，電子の質量を m とすると，

$$\frac{1}{2}m{v_0}^2 = eV \tag{4.14.27}$$

で与えられるから，これを v_0 について解けば，(4.14.25) 式の軌道半径は，

$$r = \sqrt{\frac{2V}{(e/m)}}\frac{1}{B} \tag{4.14.28}$$

となる．

第５章　研究論文と実験レポート

5.1 学術論文

実験，理論を問わず，研究を通して新しい成果を得たならば，その成果を学術論文として公表する．ここでは，一般的な学術論文の構成を紹介する．学生実験のレポートは学術論文を書くための練習で，必ずしも同じ形ではないが，学術論文の書き方を知っておくことは学生実験のレポートを書くための土台となる．一般に学術論文は次のような構成をとる．

(1) タイトル（Title）

(2) 要約（Abstract）

(3) 導入（Introduction）

(4) 実験方法（Materials and Methods）

(5) 理論と計算（Theory and Calculations）

(6) 結果（Results）

(7) 考察（Discussion）

(8) 結論（Conclusions）

(9) 謝辞（Acknowledgments）

(10) 参考文献（References）

(1) では，取り扱った研究内容がすぐに分かるような，簡潔なタイトルを付ける．

(2) は，論文の全体を要約したもので，読者に最も知ってもらいたい研究テーマの概要，研究方法，得られた結論を書く．要約（Abstract）を読むだけで，論文の中身が分かるように書くべきである．

(3) では，この論文で示す研究成果をこれまでの研究の中に正しく位置づけられるよう，今までに報告されている研究結果を概観しつつ，この研究の動機，新しい着眼点，仮説などを書く．

(4) では，この研究で行った内容と全く同じ実験を再現できるように実験の具体的な方法を書く．すなわち，使用機器，実験条件，実験手順，測定試料などを図や表も用いて詳しく記述する．一方で，理論や数値計算を主とする論文では，理論と計算（Theory and Calculations）等として，仮定したモデルの説明することもある．

(5) は，自分が用いたモデルや仮説，計算方法などを書く．理論の論文では主要な部分で，実験論文では必要としないこともある．

(6) では，新しく得られた結果を書く．実験結果の数値は生データではなく，それらを総合した解析結果であることが多い．

(7) では，(3) で概観した他の研究者によって得られた研究結果などを用い，自分が新たに得た結果の解釈を行う．ここでの考察により，この研究結果の研究分野全体に対する位置づけや意義などを明確化させる．従って，(7) がこの研究成果の重要性を示す部分となる．

(8) では，論文全体をまとめ，新たに得られた結果を改めてまとめる．それを踏まえて，今後の課題，見通しに触れることがしばしばある．

(9) は，研究に関して協力してくれた組織，団体あるいは個人に対して感謝を述べる箇所である．資金援助や研究設備，あるいは研究試料を提供してくれた団体や個人，研究の過程と研究成果の発表で議論や助言をくれた個人などに感謝の言葉を記す．著作権のあるものを使用したときは，許可を得ていることと同時に謝辞も述べる．

(10) では，本文で引用した全ての論文，書籍，ウェブサイトを挙げる．また本文中でこの論文を引用した箇所に番号を付けて明示しておく．参考文献に挙げることはその論文の価値を評価するだけでなく，読者へさらに詳しい情報を提供する助けにもなる．

5.2　レポート作成にあたっての諸注意

論文やレポートなどの形式は，学術雑誌，学会などによって異なるが，ここでは学生実験でよく用いられている形式を中心に説明する．

5.2.1　表　紙

学術雑誌などの論文などには必要ないが，単独でレポートを作成する場合には表紙が必要である．学生実験のレポートでは実験題目に続けて，学科，学籍番号，氏名，実験日，報告日，天候，室温，湿度，共同実験者名，担当教員名などを記述する．

5.2.2　目　的

研究論文では“イントロダクション（序章）”の最後に記載するべき内容で，どのような物理量を，どのような方法で測定し，何を知り，何を理解したいのかを簡潔に述べる．本実験指針では，各実験課題に目的が述べられているが，実際に自分が行った実験に即して自分なりにまとめ直した方がよい．レポートの最後にある“結論”と“目的”は整合していなければならない．

5.2.3　原　理

研究論文では“イントロダクション（序章）”や“理論と計算”に記載される内容で，この実験がどのような原理に基づいて行われるかを，図などを利用して簡潔・明瞭に説明する．本実験指針では，各実験課題で実験を実施するのに必要な関係式の解説を行っているが，これらの記述を丸写しせず，自分の言葉で再構成するべきである．

その際，疑問点は教員や友人と議論したり，教科書などを参考にしたりしてなるべく解決しておく．また，使用した理論式の導出が完全に理解できない場合でも，式中の変数や定数の意味（定義）ははっきり書いておく．自分で行った実験課題に対しては，具体的なイメージが描け，問題意識も明確になっているため，用いた理論式の導出，関連する実験技術や別の測定法・データ処理法の理解も容易で，講義や教科書によるより効果的な学習ができる．こうした努力をこの原理の節に反映させると，レポートはより良いものとなる．

5.2.4　実験方法

A. 材料および装置の略図

場合によっては，この項目は次の“実験方法”に含めてよい．レポートで報告する実験結果は再現可能なはずである．レポートの読者が同じ実験を繰り返すことが可能となるよう，実験に用いた材料（材質や大きさ），実験装置の製造業者や型式を記載する．ただし，よく知られている実験装置，実験器具（例えばノギスやマイクロメーター）などは記載する必要はない．また，装置の配置図や，重要な部分があればその拡大図も描き，必ず各部分の説明あるいは名称などを加える．

B. 実験方法

前項と同様，ここではレポートの読者が同じ実験を繰り返すことが可能となるよう必要最低限の情報を簡潔にまとめる．本実験指針の各実験課題で記載してある実験方法はマニュアル的要素が強く，スイッチやダイヤルの操作手順など，実験者に対する詳細な指示や，操作上の注意が書かれている．しかし，これらはレポートには必要ない．

5.2.5 測定結果

直接測定した結果（生データ）とその平均値，またそれらを“原理”で説明した式に代入して得られる報告値をまとめる．結果は表やグラフにすると分かりやすい．表の書き方は最後に述べる．論文で報告する数値（例えば，最良推定値）の最終的な有効数字は，次節“吟味（検討）および考察”で行う不確かさの推定によってはじめて決まる．ここでは，平均値および報告値の最下位桁は，測定器の分解能まで取っておく．また，結果をグラフで表示する必要がある場合には，必ず適切なグラフ用紙（方眼紙）を用いる．グラフの書き方は表の作り方とともに5.3節で述べる．

5.2.6 吟味（検討）および考察

A. 不確かさの推定

物理量の直接測定は何回か行い，その最良推定値（平均値）とばらつき具合（タイプAの標準不確かさ）を求める．零点誤差などがある場合，平均値からそれらを差し引いた結果を最良推定値とする．さらに，測定器の分解能などによるタイプBの標準不確かさを考慮して合成標準不確かさを求める．

これらの結果は表にしてまとめると分かりやすい．ただし，物理量には必ず単位を明記しておく．

実験課題の説明で測定回数の指示がなくても，直接測定では，数回の測定を試みる．指示がない場合は，2，3回測定しても，同じ読みとなり，分解能から不確かさを計算してよい場合であるが，実際に何度か測定することによって常にこのことを確認する．

ほとんどの課題では目的の物理量が間接測定値として得られ，その最良推定値は，各直接測定値の最良推定値から計算する．このとき，間接測定値の不確かさは，各直接測定値の不確かさから計算できる（3.3節）．なお最終結果の不確かさは有効桁数1桁とするが，ノートに計算過程を書くときなどは四捨五入の過程が分かるように3桁書いておく方がよい．さらに，測定結果でまとめた表をもとに，どの直接測定の不確かさが間接測定値の不確かさに最も大きな影響を与えているかを調べておく，

B. 吟味（検討）または考察

実験で得られた最終結果を，

$$\text{最良推定値} \pm \text{拡張不確かさ} \qquad (\text{ただし，包含係数 } k = 2)$$

の形にまとめ，その数値が妥当であるかを定性的に検討する．さらに，本書の付録や，「理科年表」，物理定数表，各種ハンドブックなどに参考となる文献値がある場合は，比較を行い，文献値が最良推定値 ± 拡張不確かさの範囲内で一致するかどうかを確認する．一致しない場合は前節A. での不確かさの見積り，計算誤り，他のタイプBの不確かさの見落としの可能性があるので，前節A. に立ちもどり確認する．それでも一致しない場合には，その原因を自分なりに考え，それを定量的に説明する．

このとき，理工系の文章では，以下のような単なる感想や定性的な説明はしない．

- 「この実験はうまくいったと思う」
- 「この結果は ... とだいたい（ほぼ，かなり，微妙に）一致している」

- 「A は B よりかなり小さい」
- 「この実験は失敗であった」

このような，“思う”，“だいたい”，“かなり” といった感覚的な表現を使ってはいけない．この種の表現を使うときは，必ず評価の基準になる量を見つけて，その量と比較することで定量的に表現し直す．例えば，比の値：A/B か $(B-A)/B$ を考え，「A の大きさは B の何%である」として定量的に表現する．

- 定性的な説明だけでなく，定量的で具体的な記述を心がける
- 提出した疑問点にできる限り自分で解答を試みる
- 一般論を展開する代わりに自分の得たデータが何を示しているかに立ちもどって考える

以上のことで，せっかく得た着眼点を無駄にせずに，内容のある考察を展開することができる．

C. 課題に対する解答，検討

実験課題の中に課題，検討などが指示されている場合は，ここに解答を書く．実験テーマによっては，課題を検討することで，実験の理解がより深まる．

5.2.7　結　論

最後に，レポートの “目的” に照らし合わせてこの実験ではどのような物理量を，どのような方法で測定し，何を知り，何を理解したかを “検討・考察” の節で得られた知見を踏まえ簡潔に述べる．従って，検討・考察に書かれていない内容は，通常結論には書けない．この部分は，ある程度は目的の繰り返しになってかまわない．研究論文や報告書では，最後に書かれている “結論” が最初に読まれることも多い．その際に，残りの部分を読む価値があるかどうかの判断にも使われるので，簡潔明瞭に表現する必要がある．

5.2.8　参考文献

ここでもレポートの読者が，同じ実験を繰り返すことが可能となるよう，必要最低限の情報を提供することを心がける．この「物理学実験指針」を引用してもよい．また，本書の付録，「理科年表」，物理定数表などから文献値を得た場合，あるいは原理の説明に教科書などを参考にした場合，それらを引用する．引用の方法は学術雑誌，学会ごとに細かい規定があるが，ここでは最も一般的と思われるやり方に従い，文献が引用されている箇所に文献番号 [1]，[2] などを振っていくこととする．例えば，文章中で，

“20.0°C，1 atm における水の密度は $\rho = 0.99820 \times 10^3\,\mathrm{kg/m^3}$ である [3]...”

などのように文献番号 [3] をつけ，対応する文献を “参考文献” のところで

参考文献

[1] 岩松雅夫　他：「物理学実験指針」（東京教学社，2007 年）p.235.
[2] 前掲書，p.222.
[3] 国立天文台：「理科年表」（丸善，1992 年）p.442.

のように，[文献番号] 編著者名：「文献名」（出版社，発行年）引用したページの順に記す．

科学技術の分野では，オリジナリティが重視され，その情報が全く新しいものか，すでに知られているものかをはっきり区別する必要がある．すでに知られている場合，だれが，いつ得たデータか，考え出した理論か，をはっきりさせておかなければならない．これは単に先人の業績に敬意を払うためだけでなく，無用な記述の繰り返しを

避け，読者がレポートが書かれた時点での知識を検討したり，詳細な実験条件などをさかのぼって調べるのに必要となるからである．

なお，レポートの文章など表現については，

- 木下是雄：「理科系の作文技術」（中公新書，1981 年）．
- 藤沢晃治：「「わかりやすい表現」の技術」（講談社ブルーバックス，1999 年）．
- 本多勝一：「日本語の作文技術」（朝日文庫，1982 年）．
- 酒井聡樹：「これからレポート・卒論を書く若者のために」（共立出版，2017 年）．

などを参考にするとよい．

5.3 式，表，図の取り扱い

式，表，図の取り扱いについては学術雑誌，学会ごとに細かい規定があるが，ここでは理科系の文章に共通する一般的な考え方と，一般的と思われる取り扱い方を紹介する．まず，次の文章を見ていくことにする．

「電子はある安定な軌道上だけを運動し，この軌道上を運動しているかぎり光を吸収も放出もしない．簡単のため，図 1 のような円軌道とすると，ボーアの量子条件は，

$$2\pi mvr = nh \quad (n = 1, 2, 3, \cdots) \tag{5.3.1}$$

と書かれる．この条件により電子は軌道半径が不連続な値だけをとるため，電子のもつエネルギーは，とびとびの値（表 2）だけをとる．」

この文章からただちに分かることは，式も文章の中で読み下すことができるということである．レポートや論文，報告書の基本はあくまで文章であり，式は文章の一部である．また，表や図は文章を補足するものである．従って，文章中で引用されない表や図はあってはならない．読者は文章を読み，詳しい情報を知りたいときは図 1 や表 2 とあるところで表や図を参照しながら理解していく．これは何も日本語で書く場合に限ったことではなく，英語をはじめ，どの言語で理科系の文章を書くときにも共通の約束事である．

5.3.1 表

多くの数値を見やすくするためには表が便利である．表には必ず例（表 5.3.1）のように通し番号，表題と説明（キャプション）をつけ，その表が何を表すかが分かるようにしておく．キャプションは表の上あるいは下につけるが，ここでは上につけるものとしておく．読者は文章を読まずに，まず表や図から重要なことを読み取ろうとすることが多いので，このキャプションも簡潔・明瞭にかつ必要十分な情報を伝えるように考えてつける．

表 5.3.1 表の例：水の粘度（粘性係数）**の温度変化**

温度 (°C)	η (Pa·s)	温度 (°C)	η (Pa·s)	温度 (°C)	η (Pa·s)
0	0.01792	20	0.01002	40	0.00653
5	0.01520	25	0.00890	60	0.00467
10	0.01307	30	0.00797	80	0.00355
15	0.01138			100	0.00282

5.3.2 図

実験データのもつ傾向がひと目で分かるようにするには，データをグラフにすればよい．グラフにすることで，2つの物理量の間の関係を容易に推測したり理論と比較したりできる．図 5.3.1 はオームの法則を確認する実験で，抵抗の両端にかかる電圧を変えたときに流れる電流をグラフとした例である．これから，グラフは

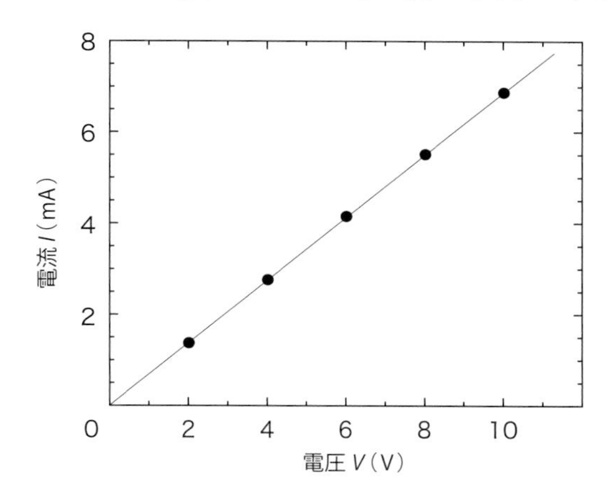

図 5.3.1　抵抗の両端にかかる電圧を変えたときに流れる電流(直線は最小 2 乗法で決めた回帰直線である)

- 図の番号
- 図の表題と説明（キャプション）
- 縦軸，横軸目盛
- 縦軸，横軸を表す物理量とその単位（軸のラベル）
- ○，◇などで表した実験データと必要なら縦棒で表した不確かさの範囲
- それらを滑らかにつなぐ直線または曲線
- 必要なら一部を拡大した挿入図

などからなる．

図の詳しい書き方は以下のようになる．

(1) グラフ用紙を使う場合には，枠の白い部分は使わず，内部の青，緑色の罫線の入っている部分だけを使う．

(2) 原則，横軸を独立変数（実験条件で変化させる物理量），縦軸を従属変数（測定値あるいはその組み合わせ）とする．

(3) 軸を上下左右に書き，軸の目盛を軸の内側に入れる．軸の最大・最小値はデータより 1〜2 割広くなるようにする．最小値は 0 でなくともよく，目盛の数値は全て入れる必要はない．

(4) 横軸，縦軸を表す物理量とその単位（ラベル）を付ける．単位はカッコに入れる（例：I (mA)）．横軸は横書き，縦軸では反時計回りに 90° 回転した横書き（図 5.3.1）で軸の中央部に入れる．

(5) 1 枚のグラフ上に 2 つのデータを書く場合などには，左右の縦軸や上下の横軸の軸目盛やラベルを変えることで，2 つのデータを 1 枚のグラフ中で比較することもできる．

(6) データを○，◇ などの記号を使いプロットし，その実験条件，パラメーターなどもグラフに書き入れる．記号はある程度大きくてよい．

(7) 必要であれば，測定の不確かさの範囲を棒で示す．これをエラーバーという．

(8) データ点の特徴を示すために，データ点を直線や滑らかな曲線でつなぐ．このときは最小 2 乗法（3.5 節参照）などを用いた場合は，得られた式そのものもグラフに書き入れてもよい．

(9) その他，読者に有用と思われるデータは，はん雑とならない程度にグラフに書き込んでおく．レポートの基本は本文の文章ではあるが，実際は読者はまずグラフからレポートの内容を読み取ろうとする．

(10) グラフには図1，図2などの通し番号をつけ，続けてグラフの説明（キャプション）を書く．読者はまず表や図から重要なことを読み取ろうとすることが多いので，このキャプションは簡潔・明瞭にかつ必要十分な情報を伝えるように書く．これら図番号とキャプションは図の下に書く．

多くのグラフは図5.3.1のように等間隔の目盛をもつ通常のグラフ用紙を用いる．等間隔の目盛をもつグラフを使えば，例えば，

$$y = ax + b \tag{5.3.2}$$

のような形の，x と y に一次関数の関係があることを直ちに見つけることができる．しかし，通常の等間隔目盛のグラフ用紙では見つけにくい関係もある．そのような関係の中には，次に述べる片対数グラフや両対数グラフで簡単に見つけられる関係式もある．

A. 片対数グラフ

指数関数による関数関係，

$$y = Ae^{ax} \tag{5.3.3}$$

を考えよう．この関係は y の変化が急で，等間隔目盛のグラフを使うと，例えば，

$$y = Bx^{10} + A \tag{5.3.4}$$

などと簡単には見分けがつかない．そこで (5.3.3) 式の両辺の常用対数をとってみる．

$$\log_{10} y = (a \log_{10} e)\, x + \log_{10} A \approx 0.434\, ax + \log_{10} A \tag{5.3.5}$$

従って，等間隔目盛のグラフを使い，横軸に x，縦軸に $\log_{10} y$ を計算してプロットすれば傾きが $a \log_{10} e \approx 0.434\, a$ の直線が得られる．一方，指数関数ではない (5.3.4) 式では両辺の対数をとっても直線にはならない．このことから，

$$\log_{10} y \text{ は } x \text{ の一次関数} \Longrightarrow y \text{ は } x \text{ の指数関数}$$

がいえる．

しかし，等間隔目盛のグラフを用いて $\log_{10} y$ をいちいち計算してプロットするのは面倒である．そのため，計算しなくても $\log_{10} y$ の位置にデータをプロットできる縦軸だけが対数の間隔の目盛になったグラフ用紙が市販されている．このように x に対して $\log_{10} y$ をプロットしたグラフを**片対数グラフ**，そのためのグラフ用紙を**片対数グラフ用紙**という．片対数グラフは指数関数で書ける関数関係を見つけ出すために使う．

片対数グラフでは例えば $1, 2, \ldots, 9, 10$ に対して，これらの対数，

$$\log_{10} 1 = 0,\ \ \log_{10} 2 = 0.30,\ \ \log_{10} 3 = 0.48,\ \ \ldots, \log_{10} 9 = 0.95,\ \ \log_{10} 10 = 1$$

を取った位置に目盛があるので，例えば，数値の 3.5 に対応する目盛の位置にデータをプロットすれば，実際には自動的に $\log_{10} 3.5$ の高さにプロットしたこととなる（図 5.3.2）．

片対数グラフから (5.3.5) 式の傾き a を求めるには，グラフから最適な直線を引き，その上の2点から (x_1, y_1)，(x_2, y_2) を読み取り，

$$a = \frac{1}{0.434} \frac{\log_{10} y_2 - \log_{10} y_1}{x_2 - x_1} \tag{5.3.6}$$

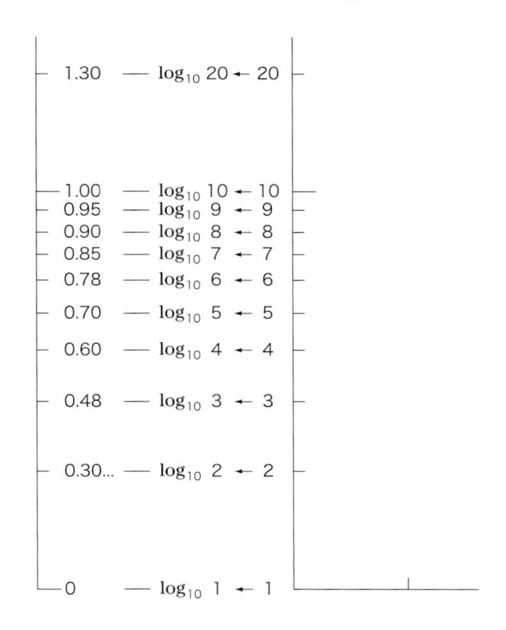

図 5.3.2　対数グラフの目盛

に従って計算すればよい．もちろん計算しやすさと正確さを考えて 2 点を適当に選んでよい．

B. 両対数グラフ

べき乗による関数関係，

$$y = Ax^a \tag{5.3.7}$$

を考えよう．この関係も y の変化が急で，等間隔目盛のグラフを使うと指数 a がいくつであるかを直ちに知ることはできない．そこで (5.3.7) 式の両辺の常用対数をとってみる．

$$\log_{10} y = a \log_{10} x + \log_{10} A \tag{5.3.8}$$

従って，横軸に $\log_{10} x$，縦軸に $\log_{10} y$ を計算してプロットすれば傾きが a の直線が得られる．このことから，

$$\log_{10} y \text{ は } \log_{10} x \text{ の一次関数} \Longrightarrow y \text{ は } x \text{ のべき乗}$$

がいえる．これを**スケーリング則**と呼ぶ．このような法則の成り立つ現象では x の尺度（スケール）を何倍しても x^a という法則の形が変わらないので「スケールフリー」な現象であるといわれる．

このような現象を探し出すには，片対数グラフと同様に $\log_{10} x$ に対して $\log_{10} y$ をプロットできる横軸も縦軸も目盛が対数の間隔のグラフを作ればよい．このようなグラフを**両対数グラフ**，そのためのグラフ用紙を**両対数グラフ用紙**という．両対数グラフは，べき乗で書ける関数関係を見つけ出すために使う．

両対数グラフから (5.3.8) 式の傾き a を求めるには，グラフから最適な直線を引き，その上の 2 点から (x_1, y_1), (x_2, y_2) を読み取り，

$$a = \frac{\log_{10} y_2 - \log_{10} y_1}{\log_{10} x_2 - \log_{10} x_1} \tag{5.3.9}$$

に従って計算すればよい．もちろん計算のしやすさと正確さを考えて 2 点を適当に選んでよい．さいわいに両対数グラフは縦軸と横軸が同じ大きさで分割されているので，物差しで直線の傾斜の縦と横の長さを直接読み取ることで計算してもよい．対数グラフの作り方から物差しで測る長さは (5.3.9) 式の分子と分母に比例するからである．

5.4 レポートの例

ここでは，レポート作成にあたっての諸注意に基づいて書かれたレポートを参考例として示す．

目　的

棒のたわみは伸びと縮みが組み合わさった変形であることから，試料板のたわみをユーイングの装置を用いて測定し，試料板のヤング率を求める．

原　理

原理は図を引用しながら説明する．

図 1 のように，ヤング率 $E\,[\mathrm{N/m^2}]$ の板を 2 つの刃型の支柱 A，B の上に支え，その間を 2 等分する点 O に質量 $M\,[\mathrm{kg}]$ のおもりを吊るすことで荷重 $W\,[\mathrm{N}]$ を与える．

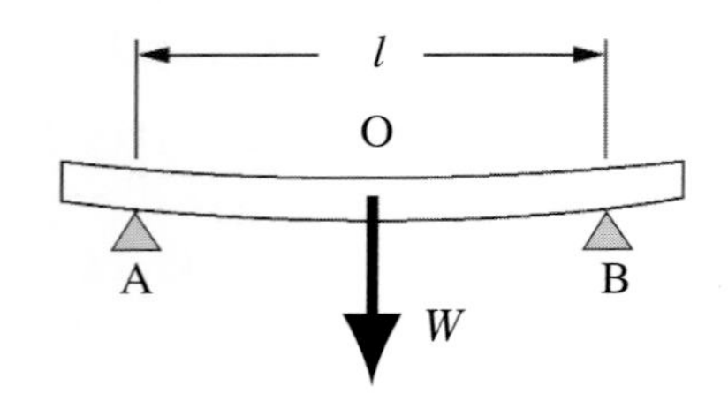

図 1　試料板にかかる力

図のタイトルを図の下に付ける．

重力加速度を $g\,[\mathrm{m/s^2}]$ とすると，点 O に加わる荷重は下向きに $W = Mg\,[\mathrm{N}]$，A および B には上向きに $Mg/2$ の力が作用する．これは，O 点を固定し，支柱を $Mg/2$ の力で押し上げるたわみと同じである．AB 間の距離を $l\,[\mathrm{m}]$，AO と BO の距離をそれぞれ $l/2$ とすると，O 点の降下量 $e\,[\mathrm{m}]$ は [1]，

図中の文字を文章中で説明する．

引用した部分に文献番号を [1] のように付け，「参考文献」で説明する．

$$e = \frac{Mgl^3}{4Ed^3b} \tag{1}$$

となる．ここで $b\,[\mathrm{m}]$ は試料板の幅，$d\,[\mathrm{m}]$ は厚さである．これからヤング率は，

$$E = \frac{Mgl^3}{4d^3be} \tag{2}$$

となるので，b, d, l, e, M の測定からヤング率が求められる [2]．

数式は中央に書き，右端に式番号を付ける．

図 2 に示すように，降下量は光てこと望遠鏡，物差しを用いて測定する．

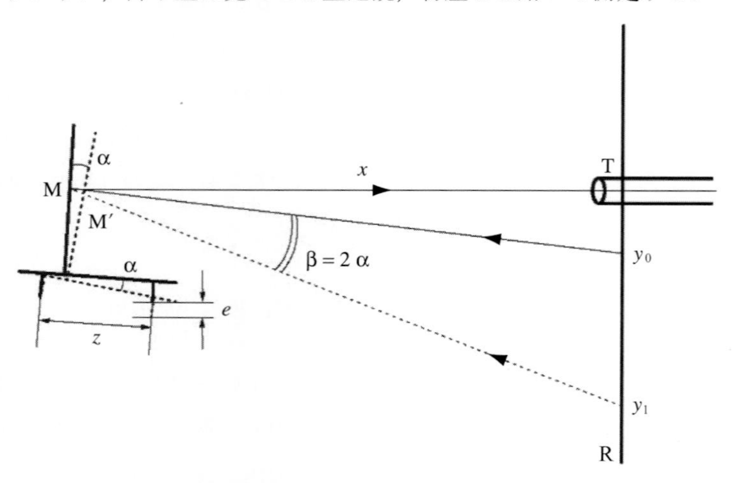

図 2　M：光てこ，T：望遠鏡，R：物差しを用いた降下量 e の測定

ページ番号を下段中央に付ける．

1

おもりを吊るす前後で，望遠鏡で読んだ物差しの目盛をそれぞれ y_0 [m]，y_1 [m] とし，その読みの差を $\delta y = y_1 - y_0$，光てこの脚間距離を z [m]，物差しとてこの距離を x [m] とすれば，

$$e = \frac{z(y_1 - y_0)}{2x} \tag{3}$$

となり，降下量が求められる．よって，式 (2)，(3) から，ヤング率が求められる．

5.4.1　実験方法

1．実験装置

ユーイングの装置（中村理科工業（株），たわみ弾性率測定装置 15-3050）

直尺，ノギス，マイクロメーター

装置名に，社名型番を書く．

2．実験方法

(1) 試料板の幅 b，厚さ d，おもりの質量 M を測定した．

(2) ユーイングの装置（図 3）に，図 4 の光てこを取付けた．光てこの脚間距離 z，支点間距離 l を，物差しと鏡の距離 x を測定した．

装置図を引用しながら説明する．

(3) おもりを吊るさずに物差しの読み y_0 を測定した．次に，おもりを 1 個ずつ吊るしていき，$y_1, y_2, y_3, \cdots, y_7$ を測定した．さらに，おもりを 1 個ずつ外していき $y_6', \cdots, y_0'$ を測定した．

実施した実験方法を書くので，文章は過去形で書く．

(4) 物差しの読みを平均し，$M = 800\,\mathrm{g}$ に対する読みの変化．δy を計算し，式 (3) から $800\,\mathrm{g}$ に対する降下量 e を求めた．

(5) 降下量 e を，式 (2) に代入して，試料棒のヤング率 E を求めた．

(6) もう 1 本の試料棒も，同様にヤング率を求めた．

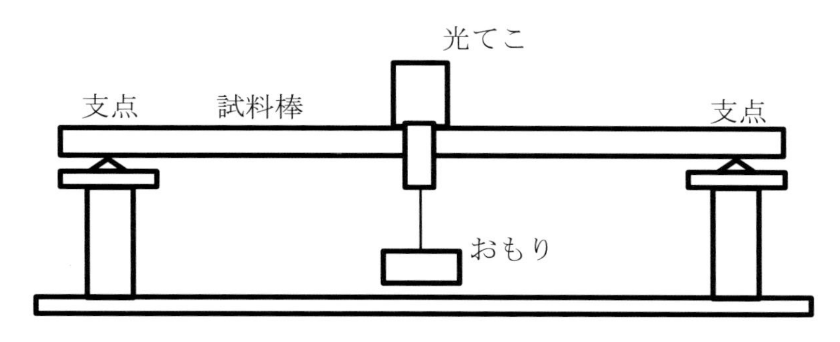

図 3　ユーイングの装置の測定配置図

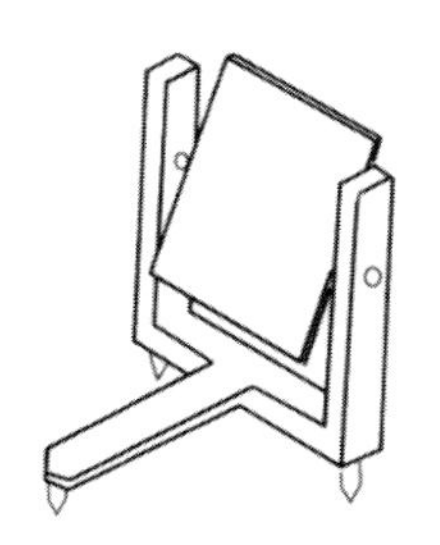

図 4　光てこ

装置の重要な部分，特殊な部分は拡大図を書く．

測定結果

1. 試料棒 1

重要なグラフを作成したら，その特徴を文章で説明する．

試料にかける荷重と物差しの読みの関係を図 5 に示す．式 (1)，(3) から予想された通り，物差しの読みはおもりの質量の増加に対して傾き一定で増加した．この関係を最小 2 乗法によって解析したところ，$y_i = 5.7986 \times 10^{-2}\,\mathrm{mm/g}\ M + 129.79\,\mathrm{mm}$ となった．

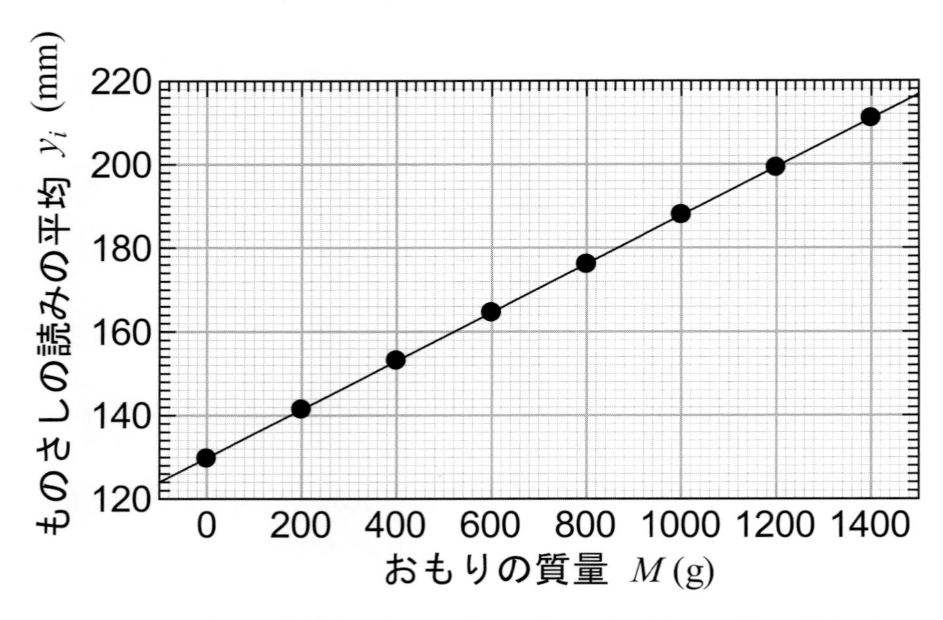

グラフの説明をグラフの下に書く．

図 5　おもりの質量と物差しの読みの平均の関係．実線は最小 2 乗法の計算結果．

表 1 におもりの質量 800 g に対する物差しの読みの差 δy，試料の幅 b，厚さ d，物差しと光てこの距離 x，試料棒の 2 支点間の距離 l，鏡の 2 支点間の距離 z をまとめる．

表のタイトルを表の上に書く．

表 1　物差しの読みの差，試料の幅，厚さ，物差しと光てこの距離，試料棒の 2 支点間の距離，鏡の 2 支点間の距離の測定結果

M(g)	δy(mm)	b(mm)	d(mm)	x(mm)	l(cm)	z(cm)
199.96	46.4	20.01	3.963	154.5	39.65	3.300

用いた計算式が判るように，式番号を引用する．

表 1 の結果より，800 g の荷重に対する点 O の降下量は，式 (3) から $e = 0.498\,\mathrm{mm}$ となった．$g = 9.79760\,\mathrm{m/s^2}$ (羽田) [3] を用いると，式 (2) からヤング率は $E = 19.7 \times 10^{10}\,\mathrm{N/m^2}$ と求まった．

考　察

1. 試料棒 1

A. 不確かさの推定

表 2 におもりの質量 800 g に対する物差しの読みの差，試料の幅，厚さ，物差しと光てこの距離，試料棒の 2 支点間の距離，鏡の 2 支点間の距離の標準不確かさをまとめる．

表 2 各測定量の合成不確かさのまとめ

ΔM(g)	$\Delta\delta y$(mm)	Δb(mm)	Δd(mm)	Δx(mm)	Δl(cm)	Δz(cm)
0.01	0.2	0.05	0.004	0.8	0.01	0.005

不確かさの伝播法則を用いてヤング率の不確かさを包含係数 $k = 2$ で求めると，$\Delta E = 0.3 \times 10^{10}\,\mathrm{N/m^2}$ となった．これからヤング率の最終結果は $E \pm \Delta E = (19.7 \pm 0.3) \times 10^{10}\,\mathrm{N/m^2}$（ただし，包含係数 $k = 2$）となった．

次に，ヤング率の不確かさの伝播法則の計算結果を表 3 に示す．不確かさの伝播法則の各項を比べたところ，x の項が他の項に比べて最も大きいことが分かる．従って，最終結果の不確かさを小さくするために x の相対不確かさを減らすことを考える．Δx はタイプ A の標準不確かさなので，…省略…

不確かさが求まる実験では，最終結果を書き，その不確かさを検討する．

表 3 ヤング率の相対不確かさに寄与する各項

$\Delta M/M$	$\Delta\delta y/\delta y$	$\Delta b/b$	$3\Delta d/d$	$\Delta x/x$	$3\Delta l/l$	$\Delta z/z$
0.00005	0.004	0.003	0.003	0.005	0.0008	0.002

B. 吟味・検討

得られたヤング率の最終結果は $E \pm \Delta E = (19.7 \pm 0.3) \times 10^{10}\,\mathrm{N/m^2}$ であった．文献から調べた鋼鉄のヤング率は 19.5～$20.6 \times 10^{10}\,\mathrm{N/m^2}$ [4] で，得られた最終結果は不確かさの範囲内で文献値と一致した．また表 1 に示した試料棒の長さ，幅，厚さと質量から，試料の密度を求めると $\rho = 7.801\,\mathrm{g/cm^3}$ となり，鋼鉄の密度 7.8～$8.0\,\mathrm{g/cm^3}$ [3] と一致することが確認できた．

文献値等，参考となる結果と比較する．

オリジナルの検討を行えるとよりよい．

5.4.2 結 論

ユーイングの装置を用いて，棒のたわみからヤング率を求めた．試料棒 1 のヤング率は $(19.7 \pm 0.3) \times 10^{10}\,\mathrm{N/m^2}$ と求められた．文献値と比較したところ，鋼鉄のヤング率と不確かさの範囲内で一致した．

目的に対する結論を書く．

参考文献

[1] 須藤誠一 他：「物理学実験指針」（東京教学社，20?? 年） p.??.
[2] 梶山正登：「新版物理学概論（上巻）」（日刊工業新聞社，1995 年）p.118.
[3] 須藤誠一 他：「物理学実験指針」（東京教学社，20?? 年）p.??.
[4] 前掲書，p.111.

本文中に付けた文献番号の文献を，決められた書式で書く．

第6章　表計算ソフトを用いたデータ解析

6.1　はじめに

エクセル (Excel) などに代表される表計算処理ソフトを用いたデータ処理の機会は，これからますます増えるに違いない．ここでは，エクセルを使ったデータ処理の方法を，物理実験のデータを例に説明する．

エクセルを起動すると，図 6.1.1 のような画面が表示される．画面はセルの集まったワークシートと，様々な機能のアイコンで構成されている．エクセルはセルに数値や式を入力し，解析を行ったり，グラフを作成したりする．セルには番号があたえられており，D 列の 5 行目のセルは「D5」のように書く．セルに入力される半角は数値あるいは数式，全角は文字として取り扱われる．

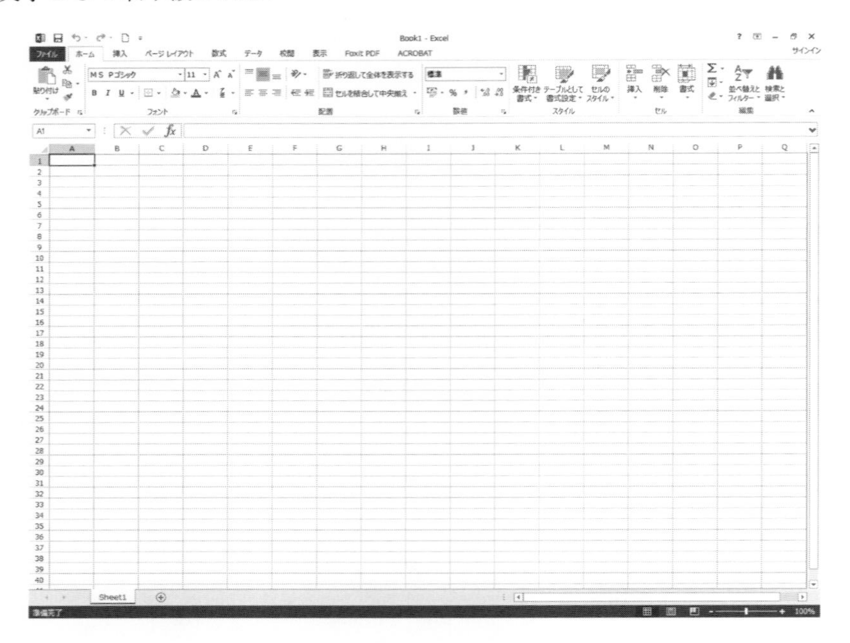

図 **6.1.1**　エクセルの起動画面

6.2　データの入力と，表・グラフの作成

A. 表の作成

ここでは，オームの法則の確認実験で測定した電圧，電流を用いて，表とグラフを作成する．図 6.2.1 のように，ワークシートに表のタイトル，測定データの物理量名，測定された電圧値，電流値を入力する．入力された数値の最小桁が 0 の場合，画面上では表示されない．そこで「小数点以下の表示桁数を増やす，減らす」アイコン を用いて，有効数字を調整する必要がある．ここでは，電圧と電流の有効数字を 1/100 の位まで表示させた．「その他の罫線」アイコン の▼を押すと，罫線メニューが開く．例えば，上罫線 (P) を選ぶと，ワークシート上で選択されているセルに上罫線が引かれる．図 6.2.1 では，上罫線，下罫線を引き，表を完成させた．

	A	B
1		
2	表1. 電流と電圧の関係	
3	電圧 V(V)	電流 I(mA)
4	2.00	1.36
5	4.00	2.76
6	6.00	4.06
7	8.00	5.50
8	10.00	6.94
9		

図 **6.2.1**　電流，電圧の関係の表

B. グラフの作成

グラフを作成する際には，ワークシートからグラフを作成する数値データを選択する．ここでは，図6.2.1のように入力した電圧(セルA3〜A8)をグラフの横軸に，電流(セルB3〜B8)を縦軸に使用する．まず，A3からA8までをドラッグして横軸に用いるデータを選択する．次に，Ctrlキーを押しながら，B3からB8までをドラッグして縦軸に用いるデータを選択する．選択できたら，「散布図」アイコン を押すと，図6.2.2のように散布図グラフが作成される．

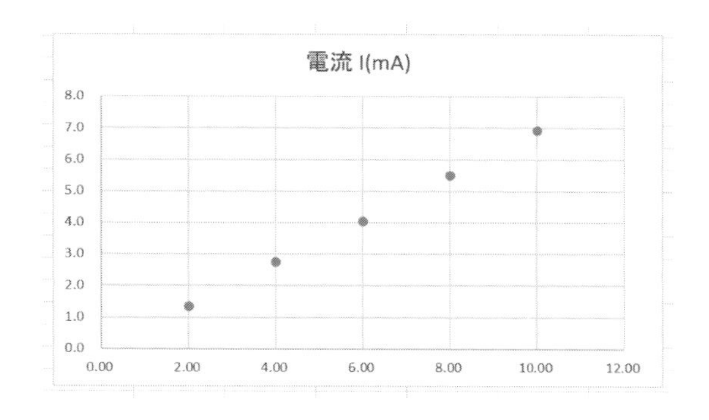

図 **6.2.2**　電流と電圧の関係

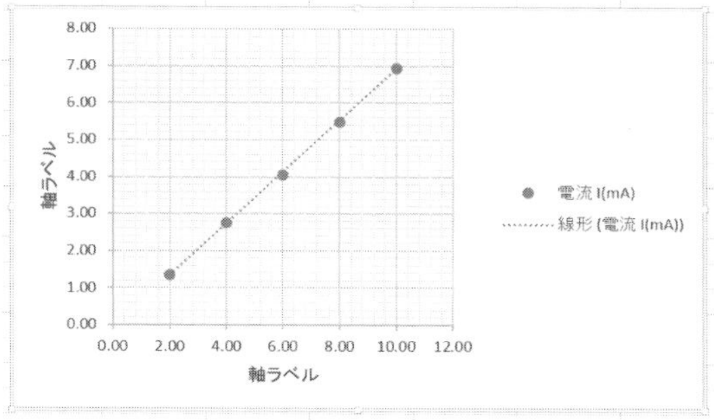

図 **6.2.3**　修正されたスタイル

縦軸，横軸の有効桁数を変えたい場合は，変えたい軸上で右クリックして，「軸の書式設定−表示形式」を選択する．表示形式の分類を「数値」にすると，小数点以下の桁数を変更できるようになる．次に，グラフを選択した後に，「グラフツール-デザイン」を選択し，レイアウトを図6.2.3のように修正する．x軸上の「軸ラベル」を選択し，軸ラベルを「電圧V(V)」に，y軸の軸ラベルを「電流I (mA)」に変更する．プロット上に引かれた近似曲線の書式設定を開き，近似曲線の書式設定の「グラフに数式を表示する」をチェックすると，最小2乗法によって得られた近似曲線の関数がグラフ中に表示される(図6.2.4)．

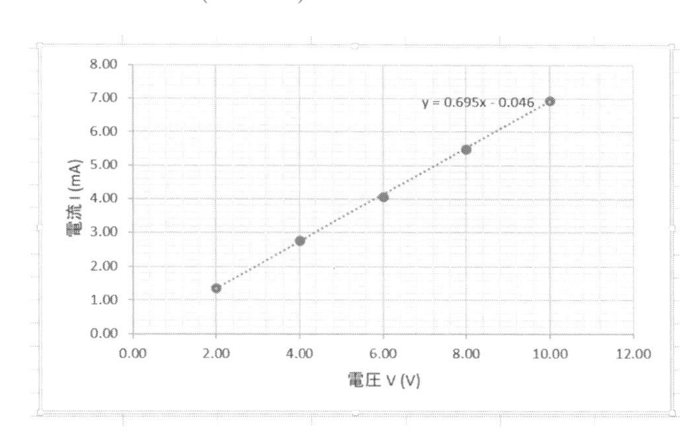

図 **6.2.4**　近似曲線の関数を表示させたグラフ

6.3　数値解析

次に，入力したデータの数値を解析する．ここでは，物差しを用いて物体の長さを測定した結果を図6.3.1のように入力した．物体に物差しをあて，左の読みと右の読みから，物体の長さ(右の読み−左の読み)を計算する．セルC3に，「=B3-A3」と入力する．5組の測定データに対して物体の長さを計算するために，数式のコピー機能を用いる．C3を選択すると，C3が黒い太線で囲われ，右下に小さな黒い四角（■）が表示される．その箇所にマウスカーソルを移すと，マウスカーソルが黒十字（+）になる．黒十字を左クリックしたまま，同じ計算を行いたい箇所

	A	B	C	D
1				
2	左の読み (mm)	右の読み (mm)	長さ (mm)	
3	18.2	248.7		
4	18.7	250.6		
5	20.7	251.5		
6	20.3	250.9		
7	19.5	249.2		
8				
9		平均 (mm)		
10		標準偏差 (mm)		
11		標準不確かさ (mm)		
12				

図 6.3.1　物差しを用いて測定した物体の長さ

(ここでは C3 から C7) をスワイプすると，選択した範囲のセルに数式がコピーされる．このときセル C4 の数式を確認すると，「=B4-A4」となっており，セル C3 に入力した数式の行数が自動的に修正されていることが分かる．

次に，測定結果の統計計算を行う．

(1) 平均値の算出

AVERAGE ( ) 関数を用いて，数列の平均値を計算する．平均値を求めたいセルに「=AVERAGE(開始位置：終了位置)」と入力する (ここではセル C9 に「AVERAGE(C3:C7)」と入力した) と，開始位置から終了位置までに入力された数値の平均値が計算される．

(2) 標準偏差の計算

STDEV( ) 関数を用いて，数列の標本標準偏差（以下，標準偏差）を計算する．標準偏差を求めたいセルに「=STDEV(開始位置：終了位置)」と入力する（ここではセル C10 に「=STDEV(C3:C7)」と入力した）と，標準偏差が計算される．

(3) 標準不確かさの計算

標準偏差を，ルート (データ数) で割り，標準不確かさを求める．COUNT( ) 関数は，選択した範囲で数値が入力されているセルの個数をカウントする．一方，SQRT( ) 関数は平方根を計算する関数である．そこで，セル C11 に「 =C10/SQRT(COUNT(C3:C7))」 と入力すると，C10 に計算された標準偏差を用いて標準不確かさが計算される．

C11　　*fx*　=C10/SQRT(COUNT(C3:C7))

	A	B	C	D
1				
2	左の読み (mm)	右の読み (mm)	長さ (mm)	
3	18.2	248.7	230.5	
4	18.7	250.6	231.9	
5	20.7	251.5	230.8	
6	20.3	250.9	230.6	
7	19.5	249.2	229.7	
8				
9		平均 (mm)	230.7	
10		標準偏差 (mm)	0.790569415	
11		標準不確かさ (mm)	0.353553391	
12				

図 6.3.2　物差しを用いて測定した試料の長さの解析結果

6.4　データファイルの読み込みとデータの解析

A. 外部データの解析

ここでは，滑走台上を運動する滑走体の位置と時間の関係をデータ収録した結果を解析する．「ファイル－開く」を選択すると，開くファイルの選択ウィンドウが開く（図 6.4.1）．初期設定ではエクセルで作成したファイルしか開かないので，図中の○で，「すべてのファイル (*.*)」を選択すると，全ての種類のファイルが開くようになる．

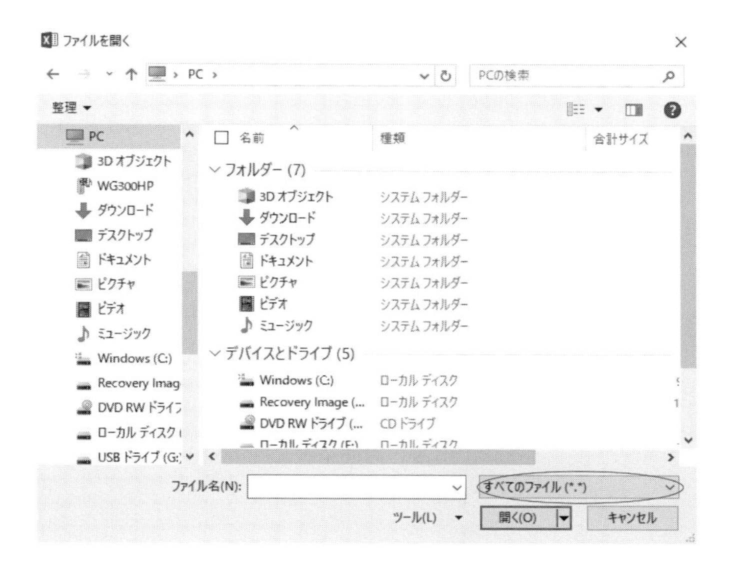

図 **6.4.1**　ファイルを開くウィンドウ画面

図 6.4.2 は等速直線運動する滑走体の位置と時間を測定した結果で，A 列が時間 [s]，B 列が位置 [m] を示している．

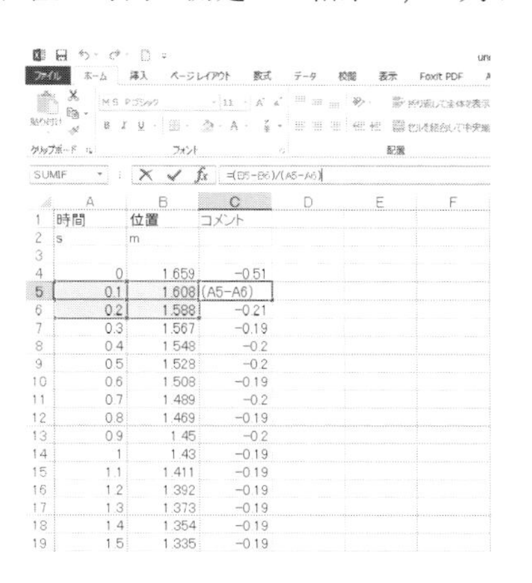

	A	B	C
1	時間	位置	コメント
2	s	m	
3			
4	0	1.659	−0.51
5	0.1	1.608	(A5−A6)
6	0.2	1.588	−0.21
7	0.3	1.567	−0.19
8	0.4	1.548	−0.2
9	0.5	1.528	−0.2
10	0.6	1.508	−0.19
11	0.7	1.489	−0.2
12	0.8	1.469	−0.19
13	0.9	1.45	−0.2
14	1	1.43	−0.19
15	1.1	1.411	−0.19
16	1.2	1.392	−0.19
17	1.3	1.373	−0.19
18	1.4	1.354	−0.19
19	1.5	1.335	−0.19

図 **6.4.2**　測定された位置と時間の関係

図 6.4.3 は，測定結果をグラフ化したものである．x-t グラフの傾き $v = \Delta x/\Delta t = (x_{n+1} - x_n)/(t_{n+1} - t_n)$ を計算するために，セル C1 に「=(B2-B1)/(A2-A1)」を入力すると，セル C1 に傾きが計算される．測定の時間分解能は $\Delta t = 0.01\,\mathrm{s}$ と微小量であるため，その傾き v は位置の時間微分（瞬間速度）とみなせる．C1 の関数を C 列全体にコピーすることで速度と時間の関係のグラフを作成し，最小 2 乗法による解析を行ってみよ（図 6.4.4）．

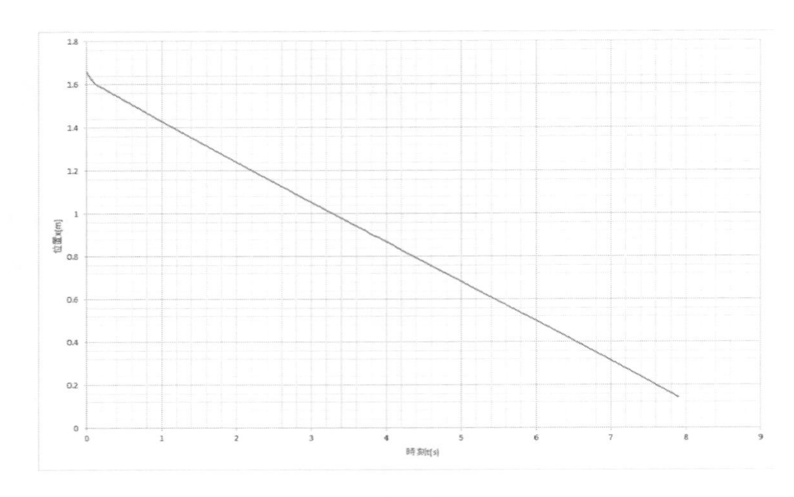

図 **6.4.3**　滑走体の位置と時間の関係

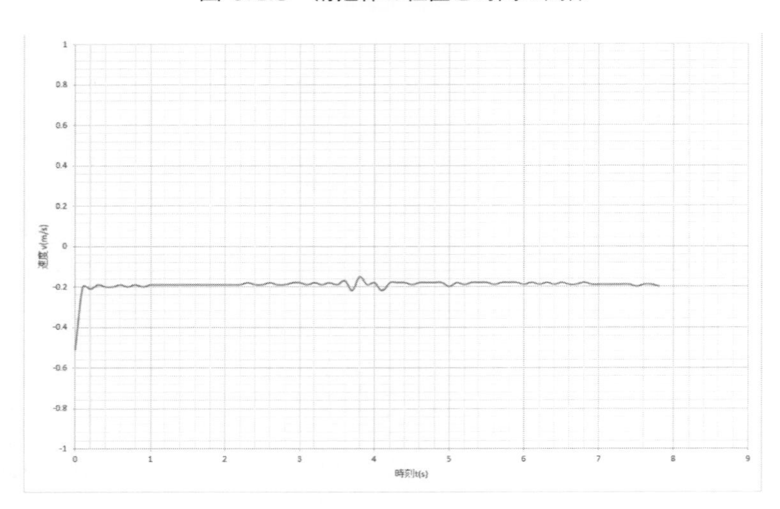

図 **6.4.4**　滑走体の速度と時間の関係

A. 2D，3D グラフの作成

点電荷が周囲に作る電位分布のように，測定結果に広がりをもつ測定結果を表すには，等高線を用いるとその特徴を理解しやすい．ここでは，点電荷の作る電位分布の実験の測定結果を用いて等高線グラフを作成してみる．

図 6.4.5 に示すように，まず，セル C3，・・・N3 に x 座標 (ここでは-6 cm から 16 cm まで) を，B4，・・・B10 に y 座標 (ここでは-6 cm から 6 cm まで) を入力した．次に，C4 から N10 に，各座標で測定された電位を入力していく．

	A	B	C	D	E	F	G	H	I	J	K	L	M	N	O
1															
2															
3			−6	−4	−2	0	2	4	6	8	10	12	14	16	
4		6	−3.4	−3.14	−3.07	−2.438	−1.628	−01746	0.99	2.21	3.161	4.12	4.41	4.35	
5		4	−3.47	−3.7	−3.53	−3.328	−2.31	−0.77	1.249	2.835	4.16	4.86	4.75	4.82	
6		2	−3.78	−4.13	−4.92	−5.24	−3.419	−1.136	1.33	3.844	5.96	6.19	5.24	5.07	
7		0	−3.91	−4.45	−5.57	−11.8	−4.5	−1.231	1.606	4.64	12.12	6.82	5.33	5.06	
8		−2	−3.71	−4.12	−4.77	−4.92	−3.31	−1.1	1.3	3.63	5.82	5.56	4.89	4.75	
9		−4	−3.34	−3.56	−3.7	−3.18	−2.23	−0.8	0.93	2.53	3.91	4.19	4.15	4.26	
10		−6	−2.98	−2.88	−2.82	−2.41	−1.59	−0.64	0.65	1.78	2.6	3.32	3.45	3.76	
11															

図 **6.4.5**　等高線図作成のデータ入力例

3 次元 (3D) の等高線図を作成する際にも測定データを選択するが，このときに測定された電位だけでなく，図 6.4.5 のように，x，y 座標データも選択する．「グラフの挿入」で，「等高線」アイコン (図 6.4.6) を選択すると，図 6.4.7 のように等高線が作成される．またグラフの種類の変更で，2 次元 (2D) の等高線図も作成できる (図 6.4.8).

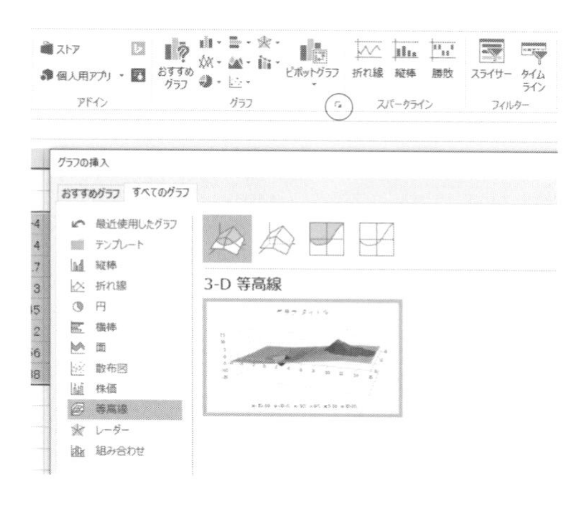

図 **6.4.6**　グラフの作成

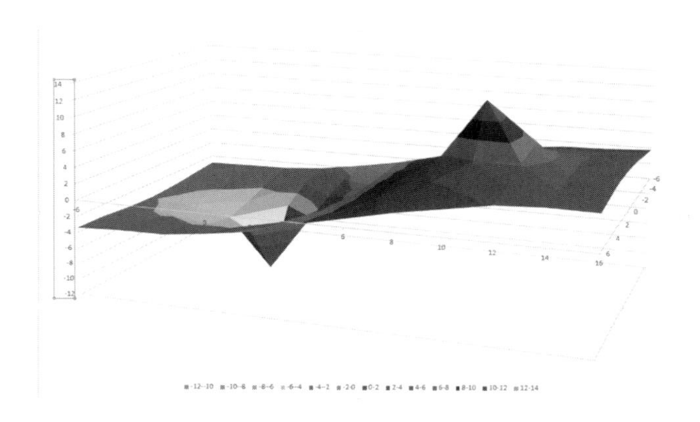

図 **6.4.7**　電位分布の **3** 次元図

図 **6.4.8**　電位分布の **2** 次元図

第7章　付　録

付録の目次

7.1 定数表

表 7.1.1 国内各地の重力加速度の実測値

地 名	北 緯 (°	′)	高 さ (m)	g (m/s^2)	地 名	北 緯 (°	′)	高 さ (m)	g (m/s^2)
旭 川	43	46	113	9.80532	甲 府	35	40	273	9.79706
札 幌	43	04	15	9.80478	鳥 取	35	29	8	9.79791
弘 前	40	35	51	9.80261	名古屋	35	09	46	9.79733
盛 岡	39	42	153	9.80190	京 都	35	02	60	9.79708
秋 田	39	44	28	9.80176	静 岡	34	59	15	9.79742
仙 台	38	15	128	9.80066	伊 丹	34	48	15	9.79704
山 形	38	15	168	9.80015	浜 松	34	43	33	9.79735
新 潟	37	55	3	9.79975	鳥 羽	34	28	15	9.79731
長 岡	37	25	59	9.79931	岡 山	34	40	−1	9.79712
会津若松	37	29	212	9.79913	広 島	34	22	1	9.7959
いわき	36	57	3	9.80009	山 口	34	10	17	9.79659
富 山	36	43	9	9.79868	高 松	34	19	9	9.79699
金 沢	36	33	106	9.79842	松 山	33	51	34	9.79596
前 橋	36	24	111	9.79830	高 知	33	33	−1	9.79626
筑 波	36	06	22	9.79951	福 岡	33	36	31	9.79629
松 本	36	15	611	9.79654	熊 本	32	49	23	9.79552
福 井	36	03	9	9.79838	長 崎	32	44	24	9.79588
羽 田	35	33	−2	9.79760	鹿児島	31	33	5	9.79471

表 7.1.2 物質の密度（常温）(10^{-3} kg/m^3 = g/cm^3)

固 体	密 度 (g/cm^3)	固 体	密 度 (g/cm^3)	液 体	密 度 (g/cm^3)
金	19.32	スレート	2.7〜2.9	エチルアルコール	0.789 ※
銀	10.50	セメント	3.0〜3.15	メチルアルコール	0.793 ※
白 金	21.45	繊 維（綿）	1.50〜1.55	海 水	1.01〜1.05
亜 鉛	7.13	大理石	1.52〜2.86	ガソリン	0.66〜0.75
アルミニウム	2.6989	方解石	2.71	重 油	0.85〜0.90
銅	8.96	磁 器	2.0〜2.6	石油（灯用）	0.80〜0.83
鉛	11.35	ガラス（普通）	2.4〜2.6	テレピン油	0.87
ニッケル	8.902	〃（フリント）	2.8〜6.3	牛 乳	1.03〜1.04
鋳 鉄	7.1〜7.4	〃（クラウン）	2.2〜3.6	グリセリン	1.264 ※
工業用鉄	7.8〜8.0	水 晶	2.65	酢酸（純）	1.049 ※
純 鉄	7.874	レンガ	1.2〜2.2	硫酸（純）	1.834 ※
真ちゅう	8.4	パラフィン	0.87〜0.94	エーテル	0.715 ※
ジュラルミン	2.8	コルク	0.22〜0.26	ベンゼン	0.879 ※
はんだ	9.5	杉	0.40	二硫化炭素	1.263 ※
エボナイト	1.1〜1.4	ひのき	0.49		
ベークライト (純)	1.20〜1.29	松	0.52	※印は 20°C における値	
石 炭	1.2〜1.5				

表 **7.1.3** 弾性に関する定数

物　質	ヤング率 $E\,(\mathrm{N/m^2,Pa})$	剛性率 $G\,(\mathrm{N/m^2,Pa})$	ポアソン比 σ	体積弾性率 $k\,(\mathrm{N/m^2,Pa})$
	$\times 10^{10}$	$\times 10^{10}$		$\times 10^{10}$
亜　鉛	10.84	4.34	0.249	7.20
アルミニウム	7.03	2.61	0.345	7.55
ガラス（クラウン）	7.13	2.92	0.22	4.12
ガラス（フリント）	8.01	3.15	0.27	5.76
金	7.80	2.70	0.44	21.70
銀	8.27	3.03	0.367	10.36
ゴム（弾性ゴム）	(1.5-5.0) $\times 10^{-4}$	(5-15) $\times 10^{-5}$	0.46−0.49	—
コンスタンタン	16.24	6.12	0.327	15.64
真ちゅう（黄銅）[1]	10.06	3.73	0.350	11.18
ス　ズ（鋳）	4.99	1.84	0.357	5.82
青　銅[2]（鋳）	8.08	3.43	0.358	9.52
石　英　(溶融)	7.31	3.12	0.170	3.69
鉄　　（軟）	21.14	8.16	0.293	16.98
鉄　　（鋳）	15.23	6.00	0.27	10.95
鉄　　（鋼）	20.1−21.6	7.8−8.4	0.28−0.30	16.5−17.0
銅	12.98	4.83	0.343	13.78
鉛	1.61	0.559	0.44	4.58
ニッケル (軟)	19.95	7.60	0.312	17.73
白　金（鋳）	16.80	6.10	0.377	22.80
マンガニン[3]	12.4	4.65	0.329	12.1
木　材（チーク）	1.3	—	—	—

1) 70Cu, 30Zn　2) 85.7Cu, 7.2Zn, 6.4Sn　3)84Cu, 12Mn, 4Ni

表 **7.1.4** 金属の体積抵抗率

金　属	$\rho \times 10^{-8}\,(\Omega\cdot\mathrm{m})$		金　属	$\rho \times 10^{-8}\,(\Omega\cdot\mathrm{m})$	
温度	0 (°C)	100 (°C)	温度	0 (°C)	100 (°C)
亜鉛	5.5	7.8	ジュラルミン (軟)	3.4(室温)	—
アルミニウム	2.50	3.55	鉄（純）	8.9	14.7
アルメル	28.1	34.8	鉄（鋼）	10-20（室温）	
アンチモン	39	59	鉄（鋳）	57-114（室温）	
インジウム	8.0	12.1	銅	1.55	2.23
カドミウム	6.8	9.8	鉛	19.2	27
金	2.05	2.88	ニクロム	107.3	108.3
銀	1.47	2.08	ニッケリン	27-45（室温）	
クロム	12.7	16.1	ニッケル	6.2	10.3
クロメル P	70.0	72.8	白金	9.81	13.6
コンスタンタン	49	—	白金ロジウム[1]	18.7	21.8
ジルコニウム	40	58	パラジウム	10.0	13.8
黄銅（真ちゅう）	6.3	—	ヒ素	26	—
水銀	94.1	103.5	マグネシウム	3.94	5.6
スズ	11.5	15.8	マンガニン	41.5	—
ビスマス	107	156	モリブデン	5.0	7.6
タリウム	15	22.8	洋銀	40	—
タングステン	4.9	7.3	リン青銅	2-6（室温）	
タンタル	12.3	16.7	ロジウム	4.3	6.2

1) 白金 90%，ロジウム 10%のもの．

表 **7.1.5** 光の屈折率

		赤線 C (Hα) 656.3 nm	黄線 D (Na) 589.3 nm	青線 F (H$_\beta$) 486.1 nm
水	20°C	1.3311	1.3330	1.3373
エチルアルコール	18°C	1.3609	1.3625	1.3665
二硫化炭素	18°C	1.6199	1.6291	1.6541
クラウンガラス	軽	1.5127	1.5153	1.5214
	重	1.6126	1.6152	1.6213
フリントガラス	軽	1.6038	1.6085	1.6200
	重	1.7434	1.7515	1.7723
方　解　石	常光	1.6544	1.6584	1.6679
	異常光	1.4846	1.4864	1.4908
水　晶	常光	1.5419	1.5443	1.5496
	異常光	1.5509	1.5534	1.5589

表 **7.1.6** 元素のスペクトル線の波長 (15°C, 1 気圧の乾いた空気中) (nm)

火炎スペクトル		真空放電スペクトル		
Na	Ca	H	Hg	Ne
589.5924	558.876	656.272 (Hα)	623.440	650.6528
588.9950	422.673	486.133 (Hβ)	579.066	640.2246
K	396.847	434.047 (Hγ)	576.960	638.2992
769.896	393.366	410.174 (Hδ)	546.074	626.6495
766.490	Sr	He	491.607	621.7281
404.721	460.733	706.519	435.833	614.3063
404.414	Ba	667.815	407.78	588.1895
Li	553.548	587.562	404.656	Zn
670.776	Rb	501.57	Cd	636.234
610.365	420.180	492.19	643.8470	481.053
460.28		471.31	508.5822	472.215
		447.148	479.9912	468.014

表 **7.1.7** 水の粘性係数 (粘度)

t (°C)	$\eta \times 10^{-1}$ (Pa·s)	t (°C)	$\eta \times 10^{-1}$ (Pa·s)
0	0.01792	30	0.00797
5	0.01520	35	0.00720
10	0.01307	40	0.00653
15	0.01138	60	0.00467
20	0.01002	80	0.00355
25	0.00890	100	0.00282

表 **7.1.8**　水の密度 (g·cm^{-3})

t(°C)	0.0	0.1	0.2	0.3	0.4	0.5	0.6	0.7	0.8	0.9
0	99984	99990	99994	99996	99997	99996	99994	99990	99985	99978
10	99970	99961	99949	99938	99924	99910	99894	99877	99860	99841
20	99820	99799	99777	99754	99730	99704	99678	99651	99623	99594
30	99565	99534	99503	99470	99437	99403	99368	99333	99297	99259
40	99222	99183	99144	99104	99063	99021	98979	98936	98893	98849
50	98804	98758	98712	98665	98618	98570	98521	98471	98422	98371
60	98320	98268	98216	98163	98110	98055	98001	97946	97890	97834
70	97777	97720	97662	97603	97544	97485	97425	97364	97303	97242
80	97180	97117	97054	96991	96927	96862	96797	96731	96665	96600
90	96532	96465	96397	96328	96259	96190	96120	96050	95979	95906

表 **7.1.9**　熱電対の規準熱起電力 (クロメルーアルメル熱電対　タイプ K)　(mV)

t(°C)	0	−10	−20	−30	−40	−50	−60	−70	−80	−90
−200	−5.891	−6.035	−6.158	−6.262	−6.344	−6.404	−6.441	−6.458		
−100	−3.553	−3.852	−4.138	−4.410	−4.669	−4.912	−5.141	−5.354	−5.550	−5.730
0	0.000	−0.392	−0.777	−1.156	−1.527	−1.889	−2.243	−2.586	−2.920	−3.242
t(°C)	0	10	20	30	40	50	60	70	80	90
0	0.000	0.397	0.798	1.203	1.611	2.022	2.436	2.850	3.266	3.681
100	4.095	4.508	4.919	5.327	5.733	6.137	6.539	6.939	7.338	7.737
200	8.137	8.537	8.938	9.341	9.745	10.151	10.560	10.969	11.381	11.793
300	12.207	12.623	13.039	13.456	13.874	14.292	14.712	15.132	15.552	15.974
400	16.395	16.818	17.241	17.664	18.088	18.513	18.938	19.363	19.788	20.214
500	20.640	21.066	21.493	21.919	22.346	22.772	23.198	23.624	24.050	24.476
600	24.902	25.327	25.751	26.176	26.599	27.022	27.445	27.867	28.288	28.709
700	29.128	29.547	29.965	30.383	30.799	31.214	31.629	32.042	32.455	32.866
800	33.277	33.686	34.095	34.502	34.909	35.314	35.718	36.121	36.524	36.925
900	37.325	37.724	38.122	38.519	38.915	39.310	39.703	40.096	40.488	40.879
1000	41.269	41.657	42.045	42.432	42.817	43.202	43.585	43.968	44.349	44.729
1100	45.108	45.486	45.863	46.238	46.612	46.985	47.356	47.726	48.095	48.462
1200	48.828	49.192	49.555	49.916	50.276	50.633	50.990	51.344	51.697	52.049
1300	52.398	52.747	53.093	53.439	53.782	54.125	54.466	54.807		

7.2　公差（許容差）表

表 7.2.1　巻尺およびノギスの公差

金属製巻尺		非金属巻尺	ノギス (下の数字はノギスの最小の読み)			
				0.05 mm 以下	0.05 mm より大	0.1 mm より大
測定される量 (m)	公差 (mm)	公差 (mm)	測定される量 (cm)	公差 (mm)	公差 (mm)	公差 (mm)
0.5 以下	0.6	2.5	10 cm 以下	0.05	0.1	0.2
1　〃	1.2	4.0	15	0.06	0.125	0.22
2　〃	1.6	5.5	30	0.08	0.15	0.24
3　〃	2.0	7.0	60	0.1	0.175	0.26
4　〃	2.4	8.5	100	0.15	0.2	0.28
以下，　上に準ずる			150	0.2	0.25	0.34
			150 cm 以上	0.25	0.3	0.4

表 7.2.2　分銅の公差

1 級精密分銅				普通分銅			
分銅の質量	公差 (mg)	分銅の質量	公差 (mg)	分銅の質量	公差 (mg)	分銅の質量	公差 (mg)
0.5 mg	0.05	5 g	1	10 mg	1	50 g	50
1	0.05	10	1	20	1	100	100
2	0.05	20	1	50	1	200	150
5	0.05	50	2	100	2	500	300
10	0.05	100	5	200	3	1 kg	500
20	0.05	200	10	500	5	2	750
50	0.1	500	20	1 g	7	5	1250
100	0.2	1 kg	40	2	10	10	2000
200	0.3	2	70	5	20	20	3000
500	0.5	5	120	10	25	30	4000
1 g	0.5	10	200	20	35	50	6000
2	0.5						

表 7.2.3　温度計の公差

	基準水銀温度計				ガラス製温度計			
	下の数は最小の目盛の大きさを示す							
測定温度	0.2°C 未満	0.2°C 以上	0.5°C 以上	1°C 以上	0.2°C 未満	0.2°C 以上	0.5°C 以上	1°C 以上
	公差 (°C)				公差 (°C)			
−70°C 以下					0.8	1	1.5	2
−40°C 以下					0.4	0.8	1	1.5
−20°C 以下	0.2							
0°C 以下		0.2				0.4		
100°C 以下	0.1	0.1	0.3		0.2	0.2	0.5	
200°C 以下		0.2		0.5		0.3		1
300°C 以下	0.2	0.3	0.5	1	0.3		0.75	1.5
300°C をこえるとき	0.4			2	0.4			2
400°C 以下		0.4	1			0.4	1	
400°C をこえるとき		0.6	1.5			0.6	1.5	

7.3 本書に登場する人名

人　名	生存年	国籍
スネル Snel van Royen, Willebrord Snellius, Willebrord	1580-1626.10.30	オランダ
フェルマー Fermat, Pierre de	1601.8.20-1665.1.12	フランス
パスカル Pascal, Blaise	1623.6.19-1662.8.19	フランス
ホイヘンス Huygens, Christiaan	1629.4.14-1695.6.8	オランダ
フック Hooke, Robert	1635.7.18-1702.3.3	イギリス
ニュートン Newton, Sir Isaac	1643.1.4-1727.3.31	イギリス
グレイ Gray, Stephen	1666 頃-1736.2.15	イギリス
ボルダ Borda, Jean-Charles	1733.5.4-1799.2.19	フランス
ワット Watt, James	1736.1.19-1819.8.25	イギリス
クーロン Coulomb, Charles Augustin de	1736.6.14-1806.8.23	フランス
ボルタ Volta, Alessandro Giuseppe Antonio Anastasio	1745.2.18-1827.3.5	イタリア
ヤング Young, Thomas	1773.6.13-1829.5.10	イギリス
ガウス Gauß, Carl Friedrich	1777.4.30-1855.2.23	ドイツ
ポアソン Poisson, Siméon Denis	1781.6.21-1840.4.25	フランス
オーム Ohm, Georg Simon	1789.3.16-1854.7.7	ドイツ
ファラデー Faraday, Michael	1791.9.22-1867.8.25	イギリス
ヘンリー Henry, Joseph	1797.12.17-1878.5.13	アメリカ
ホイートストーン Wheatstone, Sir Charles	1802.2.6-1875.10.19	イギリス
ウェーバー Weber, Wilhelm Eduard	1804.10.24-1891.6.23	ドイツ
ジュール Joule, James Prescott	1818.12.24-1889.10.11	イギリス
ヘルムホルツ Helmholtz, Hermann Ludwig Ferdinand von	1821.8.31-1894.9.8	ドイツ
キルヒホフ Kirchhoff, Gustav Robert	1824.3.12-1887.10.17	ドイツ
マクスウェル Maxwell, James Clerk	1831.6.13-1879.10.5	イギリス
クント Kundt, August Adolph	1839.11.18-1894.5.21	ドイツ
ボルツマン Boltzmann, Ludwig Eduard	1844.2.20-1906.9.5	オーストリア
フレミング Fleming, Sir John Ambrose	1849.11.29-1945.4.19	イギリス
ベクレル Becquerel, Antonie Henri	1852.12.15-1908.8.25	フランス
ローレンツ Lorentz, Hendrik Antoon	1853.7.18-1928.2.4	デンマーク
ユーイング Ewing, Sir James Alfred	1855.3.27-1935.1.7	イギリス
テスラ Tesla, Nikola	1856.7.9-1943.1.7	アメリカ
トムソン，J.J. Thomson, Sir Joseph John	1856.12.18-1940.8.30	イギリス
ヘルツ，H.R. Hertz, Heinrich Rudolph	1857.2.22-1894.1.1	ドイツ
ラーモア Larmor, Sir Joseph	1857.7.11-1942.5.19	イギリス
ボーア，N.H.D. Bohr, Niels Henrik David	1885.10.7-1962.11.18	デンマーク
ショックレー Shockley, William Bradford	1910.2.13-1989.8.12	アメリカ

7.4　物理実験参考書

以上本論で説明してきたのは本学で工学系基礎として行っているものだけであるから，項目が極めて限られている．従って，学生諸君が独自の立場で実験をしようとするときは当然参考書が必要になる．次にいくつかの参考書を紹介する．参考書といっても類書や専門書をあげると余りに数が多くなるので，代表的なものに限った．

年表・辞典

1. 国立天文台編：「理科年表」（丸善）
2. 飯田，大野　他：「新版物理定数表」（朝倉書店）
3. 玉虫，小谷　他：「理化学辞典第4版」（岩波書店）
4. 物理学辞典編集委員会編：「物理学辞典（改訂版）」（培風館）
5. 藤岡由夫　他：「三訂増補物理実験辞典」（講談社）

物理学実験全般

6. 応用物理学会編：「応用物理実験学」（オーム社）
7. 大阪市立大学理学部物理学科実験教育ワーキンググループ編：「物理学実験」（東京教学社）
8. 明治大学一般教育物理学実験指導書編集委員会編：「物理学実験」（学術図書）
9. 吉田，橘　他：「六訂物理学実験」（三省堂）
10. 三宅，朝日　他：「新編基礎物理学実験」（産業図書）
11. 比企，仁平　他：「物理実験コース」（朝倉書店）
12. 廣川，小倉：「工科系の物理学実験」（学術図書）
13. 藤城，赤野　他：「新編物理実験」（東京教学社）
14. 永田，飯尾　他：「基礎物理実験」（東京教学社）
15. 大林，渡部：「物理学基礎実験」（共立出版）
16. 重田　監修，橘高　他　編著：「物理学実験（増訂2版）」（共立出版）
17. 水野，三木：「基礎物理学実験（改訂版）」（培風館）
18. 大石，大場　他：「工学基礎物理実験」（東京大学出版会）
19. 高橋重雄：「基礎物理学実験」（三共出版）
20. 東京大学教養部物理学教室編：「全訂新版物理実験」（学術図書）
21. 大島　久：「物理実験基礎コース」（内田老鶴圃）
22. 塩見，宮野：「物理学実験ノート」（オーム社）
23. 川島和俊：「大学理工系基礎 物理学実験」（共立出版）
24. 小田，大石：「物理実験入門」（裳華房）
25. 福本，堀：「物理実験法」（槙書店）

誤差論と不確かさ

26. 一瀬正巳：「誤差論」（培風館）
27. N.C.バーフォード：「実験精度と誤差」（丸善）

28.　吉澤康和：「新しい誤差論」（共立出版）
29.　今井秀孝他：「測定における不確かさの表現のガイド [GUM] ハンドブック」（日本規格協会）
30.　今井秀孝他：測定不確かさ評価の最前線（日本規格協会）

計測

31.　南，木村，荒木：「はじめての計測工学」（講談社サイエンティフィク）

各論

32.　霜田，桜井：「エレクトロニクスの基礎（新版）」（裳華房）
33.　高橋清：「半導体工学（第 2 版）—半導体物性の基礎—」（森北出版）
34.　原田　他：「基礎電子回路（大学講義シリーズ）」（コロナ社）
35.　S.M. ジィー：「半導体デバイス—基礎理論とプロセス技術—」（産業図書）

7.5 物理定数表

2018 CODATA 調整値*より （ ）内数字は末位 2 桁の標準不確かさ（標準偏差で表した不確かさ）を示す．

名称	記号	値	単位
標準重力加速度（緯度 45°，海面）	g_{n}	9.80665	$\mathrm{m/s^2}$
万有引力定数	G	$6.67430(15)\times10^{-11}$	$\mathrm{N{\cdot}m^2/kg^2}$
真空中の光の速さ（定義値）	c	299792458	m/s
磁気定数（真空の透磁率）	μ_0	$12.5663706212(19)\times10^{-7}$	$\mathrm{N/A^2}$, H/m
電気定数（真空の誘電率 $1/\mu_0c^2$）	ε_0	$8.8541878128(13)\times10^{-12}$	F/m
電気素量（素電荷 定義値）	e	$1.602176634\times10^{-19}$	C
プランク定数（定義値）	h	6.62607015×10^{-34}	J/Hz, J·s
$h/2\pi$（定義値）	$\hbar$	$1.054571817\cdots\times10^{-34}$	J/Hz, J·s
電子の質量	m_{e}	$9.1093837015(28)\times10^{-31}$	kg
陽子の質量	m_{p}	$1.67262192369(51)\times10^{-27}$	kg
中性子の質量	m_{n}	$1.67492749804(95)\times10^{-27}$	kg
微細構造定数	α	$7.2973525693(11)\times10^{-3}$	
リュードベリ定数	R_∞	10973731.568160(21)	$\mathrm{m^{-1}}$
ボーア半径	a_0	$0.529177210903(80)\times10^{-10}$	m
ボーア磁子	μ_{B}	$927.40100783(28)\times10^{-26}$	J/T
磁束量子（定義値 $h/2e$）	Φ_0	$2.067833848\cdots\times10^{-15}$	Wb
電子の磁気モーメント	μ_{e}	$-928.47647043(28)\times10^{-26}$	J/T
電子の比電荷	$-e/m_{\mathrm{e}}$	$-1.75882001076(53)\times10^{11}$	C/kg
原子質量単位	m_{u}	$1.66053906660(50)\times10^{-27}$	kg
アボガドロ定数（定義値）	N_{A}	6.02214076×10^{23}	$\mathrm{mol^{-1}}$
ボルツマン定数（定義値）	k	1.380649×10^{-23}	J/K
気体定数（定義値 $N_{\mathrm{A}}k$）	R	$8.314462618\cdots$	J/(mol·K)
ファラデー定数（定義値 $N_{\mathrm{A}}e$）	F	$96485.33212\cdots$	C/mol
シュテファン・ボルツマン定数（定義値 $(\pi^2/60)k^4/\hbar^3c^2$）	σ	$5.670374419\cdots\times10^{-8}$	$\mathrm{W/(m^2{\cdot}K^4)}$
0 ℃の絶対温度（定義値）	T_0	273.15	K
標準大気圧（定義値）	P_0	101325	Pa
理想気体の 1 モルの体積（定義値 0°C，1 atm）	V_{m}	$22.41396954\cdots\times10^{-3}$	$\mathrm{m^3/mol}$
1 カロリーのエネルギー（定義値）		4.184	J
地球の質量	M_{E}	5.972×10^{24}	kg
地球・太陽間の距離（天文単位 1au の定義値）		$1.49597870700\times10^{11}$	m

*http://physics.nist.gov/cuu/Constants/

ギリシャ文字

A	α	アルファ	N	ν	ニュー
B	β	ベータ	Ξ	ξ	グザイ（クシー）
Γ	γ	ガンマ	O	o	オミクロン
Δ	δ	デルタ	Π	π	パイ
E	ε	イプシロン	P	ρ	ロー
Z	ζ	ゼータ	$\sum$	$\sigma\ \varsigma$	シグマ
H	η	イータ	T	τ	タウ
Θ	θ	シータ	Υ	υ	ウプシロン
I	ι	イオタ	Φ	$\phi\ \varphi$	ファイ
K	κ	カッパ	X	χ	カイ
Λ	λ	ラムダ	Ψ	ψ	プサイ
M	μ	ミュー	Ω	ω	オメガ

7.6 国際単位系（SI）

SI 基本単位

物理量	名称	記号
長さ	メートル	m
質量	キログラム	kg
時間	秒	s
電流	アンペア	A
熱力学温度	ケルビン	K
物質量	モル	mol
光度	カンデラ	cd

SI 組立単位の例

物理量	記号
速度，速さ	m/s
加速度	m/s^2
角速度	rad/s
角加速度	rad/s^2
密度	kg/m^3
力のモーメント	N·m
粘性係数	Pa·s
表面張力	N/m
波数	m^{-1}
比熱	J/(kg·K)
モル比熱	J/(mol·K)
熱伝導率	W/(m·K)
熱容量，エントロピー	J/K
モル濃度	mol/m^3
電場（界）の強さ	V/m
誘電率	F/m
磁場（界）の強さ	A/m
透磁率	H/m
電束密度，電気変位	C/m^2
輝度	cd/m^2
照射線量	C/kg
吸収線量率	Gy/s

固有の名称と記号をもつ SI 組立単位

物理量	名称	記号	他の SI 単位による表現
平面角	ラジアン	rad	
立体角	ステラジアン	sr	
振動数（周波数）	ヘルツ	Hz	s^{-1}
力	ニュートン	N	$kg{\cdot}m/s^2$
圧力，応力	パスカル	Pa	N/m^2
エネルギー，仕事，熱量	ジュール	J	N·m
仕事率，電力	ワット	W	J/s
電気量，電荷，電束	クーロン	C	s·A
電位，電圧，起電力	ボルト	V	W/A
静電容量	ファラド	F	C/V
電気抵抗	オーム	Ω	V/A
コンダクタンス	ジーメンス	S	A/V
磁束	ウェーバ	Wb	V·s
磁束密度	テスラ	T	Wb/m^2
インダクタンス	ヘンリー	H	Wb/A
セルシウス温度	セルシウス度	°C	K
光束	ルーメン	lm	cd·sr
照度	ルクス	lx	lm/m^2
放射能	ベクレル	Bq	s^{-1}
吸収線量	グレイ	Gy	J/kg
線量当量，等価線量	シーベルト	Sv	J/kg
酵素活性	カタール	kat	mol/s

SI 接頭語

倍数	接頭語	記号
10^{18}	エクサ	E
10^{15}	ペタ	P
10^{12}	テラ	T
10^{9}	ギガ	G
10^{6}	メガ	M
10^{3}	キロ	k
10^{2}	ヘクト	h
10^{1}	デカ	da
10^{-1}	デシ	d
10^{-2}	センチ	c
10^{-3}	ミリ	m
10^{-6}	マイクロ	μ
10^{-9}	ナノ	n
10^{-12}	ピコ	p
10^{-15}	フェムト	f
10^{-18}	アト	a

7.7　原子量表（2023）

（元素の原子量は，質量数 12 の炭素（^{12}C）を 12 とし，これに対する相対値とする．）

本表は，実用上の便宜を考えて，国際純正・応用化学連合（IUPAC）で承認された最新の原子量に基づき，日本化学会原子量専門委員会が独自に作成したものである．本来，同位体存在度の不確定さは，自然に，あるいは人為的に起こりうる変動や実験誤差のために，元素ごとに異なる．従って，個々の原子量の値は，正確度が保証された有効数字の桁数が大きく異なる．本表の原子量を引用する際には，このことに注意を喚起することが望ましい．

なお，本表の原子量の信頼性はリチウム，亜鉛の場合を除き有効数字の 4 桁目で ±1 以内である（両元素については脚注参照）．また，安定同位体がなく，天然で特定の同位体組成を示さない元素については，その元素の放射性同位体の質量数の一例を（ ）内に示した．従って，その値を原子量として扱うことは出来ない．

原子番号	元素名	元素記号	原子量	原子番号	元素名	元素記号	原子量
1	水素	H	1.008	34	セレン	Se	78.97
2	ヘリウム	He	4.003	35	臭素	Br	79.90
3	リチウム	Li	6.94 ※	36	クリプトン	Kr	83.80
4	ベリリウム	Be	9.012	37	ルビジウム	Rb	85.47
5	ホウ素	B	10.81	38	ストロンチウム	Sr	87.62
6	炭素	C	12.01	39	イットリウム	Y	88.91
7	窒素	N	14.01	40	ジルコニウム	Zr	91.22
8	酸素	O	16.00	41	ニオブ	Nb	92.91
9	フッ素	F	19.00	42	モリブデン	Mo	95.95
10	ネオン	Ne	20.18	43	テクネチウム	Tc	(99)
11	ナトリウム	Na	22.99	44	ルテニウム	Ru	101.1
12	マグネシウム	Mg	24.31	45	ロジウム	Rh	102.9
13	アルミニウム	Al	26.98	46	パラジウム	Pd	106.4
14	ケイ素	Si	28.09	47	銀	Ag	107.9
15	リン	P	30.97	48	カドミウム	Cd	112.4
16	硫黄	S	32.07	49	インジウム	In	114.8
17	塩素	Cl	35.45	50	スズ	Sn	118.7
18	アルゴン	Ar	39.95	51	アンチモン	Sb	121.8
19	カリウム	K	39.10	52	テルル	Te	127.6
20	カルシウム	Ca	40.08	53	ヨウ素	I	126.9
21	スカンジウム	Sc	44.96	54	キセノン	Xe	131.3
22	チタン	Ti	47.87	55	セシウム	Cs	132.9
23	バナジウム	V	50.94	56	バリウム	Ba	137.3
24	クロム	Cr	52.00	57	ランタン	La	138.9
25	マンガン	Mn	54.94	58	セリウム	ce	140.1
26	鉄	Fe	55.85	59	プラセオジム	Pr	140.9
27	コバルト	Co	58.93	60	ネオジム	Nd	144.2
28	ニッケル	Ni	58.69	61	プロメチウム	Pm	(145)
29	銅	Cu	63.55	62	サマリウム	Sm	150.4
30	亜鉛	Zn	63.38 ＊	63	ユウロピウム	Eu	152.0
31	ガリウム	Ga	69.72	64	ガドリニウム	Gd	157.3
32	ゲルマニウム	Ge	72.63	65	テルビウム	Tb	158.9
33	ヒ素	As	74.92	66	ジスプロシウム	Dy	162.5
67	ホルミウム	Ho	164.9	93	ネプツニウム	Np	(237)
68	エルビウム	Er	167.3	94	プルトニウム	Pu	(239)
69	ツリウム	Tm	168.9	95	アメリシウム	Am	(243)
70	イッテルビウム	Yb	173.0	96	キュリウム	Cm	(247)
71	ルテチウム	Lu	175.0	97	バークリウム	Bk	(247)
72	ハフニウム	Hf	178.5	98	カリホルニウム	Cf	(252)
73	タンタル	Ta	180.9	99	アインスタイニウム	Rs	(252)
74	タングステン	W	183.8	100	フェルミウム	Fm	(257)
75	レニウム	Re	186.2	101	メンデレビウム	Md	(258)
76	オスミウム	Os	190.2	102	ノーベリウム	No	(259)
77	イリジウム	Ir	192.2	103	ローレンシウム	Lr	(262)
78	白金	Pt	195.1	104	ラザホージウム	Rf	(267)
79	金	Au	197.0	105	ドブニウム	Db	(268)
80	水銀	Hg	200.6	106	シーボーギウム	Sg	(271)
81	タリウム	Tl	204.4	107	ボーリウム	Bh	(272)
82	鉛	Pb	207.2	108	ハッシウム	Hs	(277)
83	ビスマス	Bi	209.0	109	マイトネリウム	Mt	(276)
84	ポロニウム	Po	(210)	110	ダームスタチウム	Ds	(281)
85	アスタチン	At	(210)	111	レントゲニウム	Rg	(280)
86	ラドン	Rn	(222)	112	コペルニシウム	Cn	(285)
87	フランシウム	Fr	(223)	113	ニホニウム	Nh	(278)
88	ラジウム	Ra	(226)	114	フレロビウム	Fl	(289)
89	アクチニウム	Ac	(227)	115	モスコビウム	Mc	(289)
90	トリウム	Th	232.0	116	リバモリウム	Lv	(293)
91	プロトアクチニウム	Pa	231.0	117	テネシン	Ts	(293)
92	ウラン	U	238.0	118	オガネソン	Og	(294)

※：人為的に ^{6}Li が抽出され，リチウム同位体比が大きく変動した物質が存在するために，リチウムの原子量は大きな変動幅をもつ．従って本表では例外的に 3 桁の値が与えられている．なお，天然の多くの物質中でのリチウムの原子量は 6.94 に近い．

＊：亜鉛に関しては原子量の信頼性は有効数字 4 桁目で ±2 である．

索　引

著者紹介

須藤誠一（すどう せいいち）
東京都市大学教授・博士（理学）

飯島正徳（いいじま まさのり）
東京都市大学教授・理学博士

長田剛（おさだ たけし）
東京都市大学教授・博士（理学）

門多顕司（かどた けんいち）
東京都市大学講師・博士（理学）

菅谷幹治（すがや かんじ）
東京都市大学・技師補

津村耕司（つむら こうじ）
東京都市大学准教授・博士（理学）

中村正人（なかむら まさと）
東京都市大学講師・博士（理学）

西村太樹（にしむら だいき）
東京都市大学准教授・博士（理学）

物理学実験指針 ―第2版―

ISBN 978-4-8082-2082-2

2007年 4月 1日 初版発行
2020年 4月 1日 2版発行
2024年 4月 1日 4刷発行

著者代表 © 須藤誠一
発行者 鳥飼正樹
印刷 製本 三美印刷株式会社

発行所 株式会社 東京教学社

郵便番号 112-0002
住所 東京都文京区小石川 3-10-5
電話 03（3868）2405
FAX 03（3868）0673
http://www.tokyokyogakusha.com

年度　前期前・前期後・後期前・後期後

学科　学籍番号　　氏名

	実験題目	月/日	ポイント1	ポイント2
1	直線運動			
2	データの解析			
3	運動の法則			
4	エネルギー保存の法則			
5	運動量保存の法則			
6	密度の測定			
7	口頭試問			

課　題

1		5	
2		6	
3		7	
4			

年度　前期前・前期後・後期前・後期後

学科　学籍番号　　氏名

	実験題目	月/日	ポイント1	ポイント2
1	各論実験1			
2	各論実験2			
3	各論実験3			
4	各論実験4			
5	各論実験5			
6	各論実験6			
7	各論実験7			

課　題

1		5	
2		6	
3		7	
4